U0393599

oh~

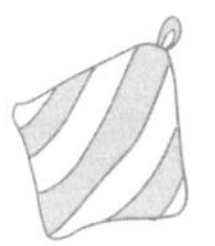

妈妈育上娃

专家教你轻松育儿

北京广播电视台卡酷少儿卫视《妈妈育上娃》栏目组 主编

江苏凤凰科学技术出版社 · 南京

图书在版编目（CIP）数据

妈妈育上娃 ：专家教你轻松育儿 / 北京广播电视台卡酷少儿卫视《妈妈育上娃》栏目组主编. -- 南京 ：江苏凤凰科学技术出版社，2022.7

ISBN 978-7-5713-2639-5

Ⅰ. ①妈… Ⅱ. ①北… Ⅲ. ①婴幼儿—哺育—基本知识 Ⅳ. ①TS976.31

中国版本图书馆CIP数据核字(2021)第269650号

妈妈育上娃　专家教你轻松育儿

主　　编	北京广播电视台卡酷少儿卫视《妈妈育上娃》栏目组
责任编辑	祝　萍　陈　艺
责任校对	仲　敏
责任监制	方　晨
出版发行	江苏凤凰科学技术出版社
出版社地址	南京市湖南路1号A楼，邮编：210009
出版社网址	http://www.pspress.cn
印　　刷	佛山市华禹彩印有限公司
开　　本	718mm×1000mm　1/16
印　　张	15.75
字　　数	22 0000
版　　次	2022年7月第1版
印　　次	2022年7月第1次印刷
标准书号	ISBN 978-7-5713-2639-5
定　　价	68.00元

图书如有印装质量问题，可随时向我社印务部调换。

推荐序

作为一名儿科医生，在早年的临床工作中，我见到太多令人揪心的事情。有的宝宝出现高热了，还被捂得严严实实，从而导致宝宝患上捂热综合征。有些新生儿明明是轻度的生理性黄疸，家长却给他吃含有不明成分的“退黄药”，导致宝宝腹泻、哭闹不止。好在这些年，随着社会的发展和医学科普水平的提高，家长逐步有了科学育儿的意识。

退休后，我始终坚持在科学育儿宣传第一线，出版了多部育儿科普书，还参加中国儿童少年基金会主办的“和孩子共同成长”大型公益活动、中国关心下一代工作委员会儿童发展研究中心主办的“中国母婴健康成长万里行”线下公益科普讲座等，在全国各地进行公益巡讲近 300 场。

现在，我更加深刻地感受到解决育儿问题，首先要解决的是新手父母的育儿心理焦虑，增加育儿知识储备。因此，了解一些儿童常见病症的发病原因，掌握一些家庭护理技巧，显得尤为重要。

与北京广播电视台《妈妈育上娃》栏目组结缘，是在 2018 年。当时北京广播电视台的栏目组编导找到我，说希望我能在卡酷少儿卫视的首档母婴生活服务节目中分享一下科学的育儿理念。几番沟通下来，我也感受到这些年轻的“电视人”工作认真，做事严谨，是实实在在地想要为育儿家庭做一些事情。

最近，听闻他们栏目组要将过往录制的节目内容整理出版，我十分开心欣慰：现如今网络上的育儿信息虽然铺天盖地，但很多知识未经甄别，也缺乏科学论证，广大家长太需要通俗且权威的育儿科普指导了，相信《妈妈育上娃　专家教你轻松育儿》这本书能够真正帮助很多没有时间收看育儿科普节目的观众，特别是新手父母，解决日常生活中养育孩子的多个难题。

当然，医学在不断发展，育儿知识也在不断更新。没有一劳永逸的家长，只有与孩子共同成长的父母。

北京中医药大学附属中西医结合医院原儿科主任、主任医师

中国关心下一代工作委员会专家委员会专家

张思莱

2021 年 11 月

目录

第一章

做好宝宝的“家庭医生”，先弄懂这些

第二章

给宝宝舒适生活，从日常细节的把关做起

第三章

应对儿童常见病，心中有谱不会慌

第四章

警惕！这些常见传染病爱挑宝宝下手

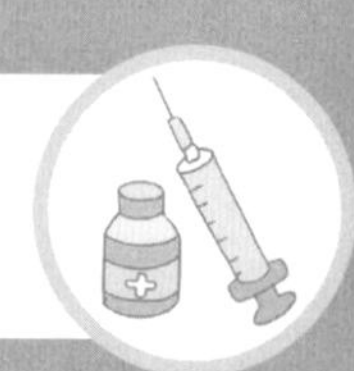

第一章

做好宝宝的“家庭医生”，先弄懂这些

在家长焦急的等待中，宝宝终于出生。接下来，家长面临的艰巨任务就是如何照顾和呵护自己的宝宝。为了顺利完成这项任务，家长一定要把自己培养成宝宝的“家庭医生”，学会科学喂养和护理宝宝。

不过，要当好宝宝的“家庭医生”并不容易，家长需要学习很多知识！家长也无需过分担心，只要认真跟着育儿专家学起来，护理好宝宝自然是得心应手的事了。

了解宝宝的发育特征，不做慌乱型家长

主讲专家

严 虎

复旦大学儿科学博士。1996年开始从事儿科临床工作，秉承循证医学理念。目前任卓正医疗上海诊所儿内科医生。

宝宝出生后，一家人的心思便扑在宝宝身上，生怕宝宝吃不好、睡不好，影响发育。

这里需要强调的是，宝宝的生长发育不仅是吃、睡、体重、身高、头围的生长，还包括粗大动作、精细动作、沟通与解决问题、个人与社会交往等能力，这些评估需要专业儿保医生才能做，所以要重视宝宝的定期体检。

01 家长记得定期带宝宝去体检

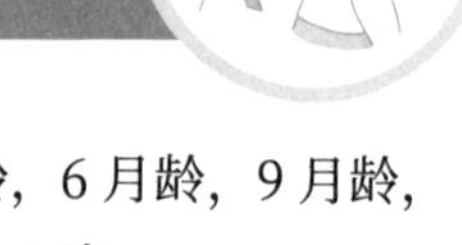

宝宝体检的频率

目前推荐体检年龄为：出生后2周，1月龄，2月龄，4月龄，6月龄，9月龄，12月龄，15月龄，18月龄，2岁，2.5岁，3岁；之后每年体检1次。

02 做合格家长，先学会绘制生长曲线

判断宝宝长得好不好，不是和其他孩子比较，而是要根据宝宝自己的体重、身高、头围的变化来综合评估。

生长曲线是目前最常使用、最可靠的评估工具，它不仅可以反映宝宝整体的生长发育趋势，也可以发现生长发育的病理性偏离。所以，家长一定要学会使用生长曲线。

宝宝出生后不久，就可以定期测量他的身长、体重、头围，记录数值。然后根据测值对应的年龄，在曲线坐标中标记，再将这些标记的点连线，就成了宝宝自己的生长轨迹。

如果自己绘制不便，也可使用生长曲线 APP，家长定期输入数据就行。

如何看懂生长曲线图（以2岁以内儿童为例）

目前使用最普遍的是世界卫生组织发布的生长参考曲线，其官网上提供了 0 ～ 5 岁儿童的生长曲线。下面展示的是 0 ～ 2 岁儿童的生长曲线（百分位图）。

0 ～ 2 岁女孩体重生长曲线

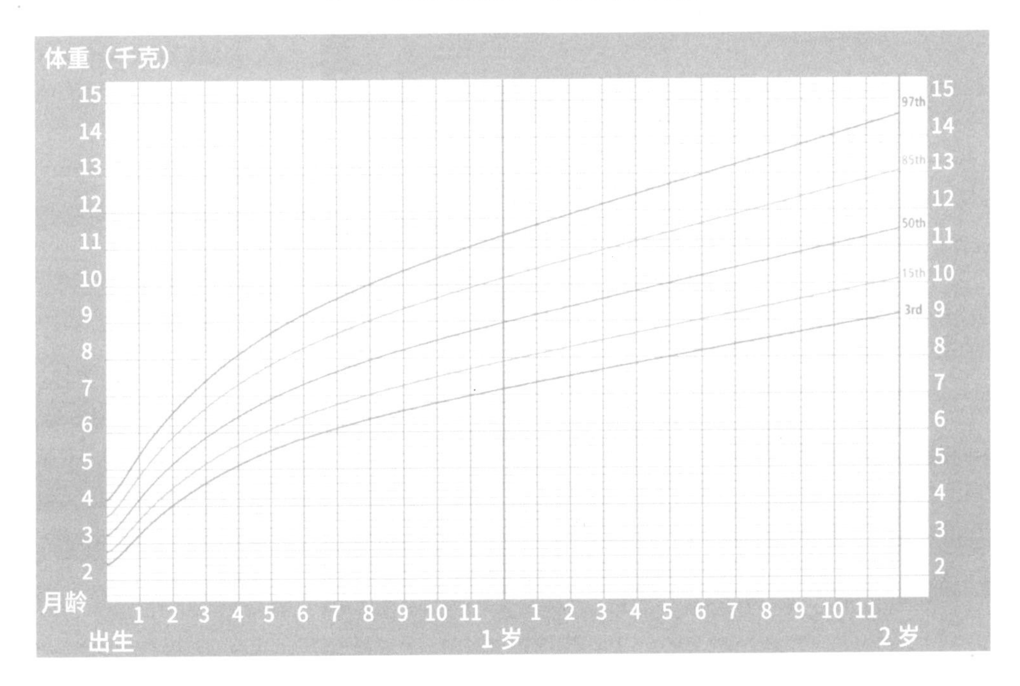

0 ~ 2 岁男孩体重生长曲线

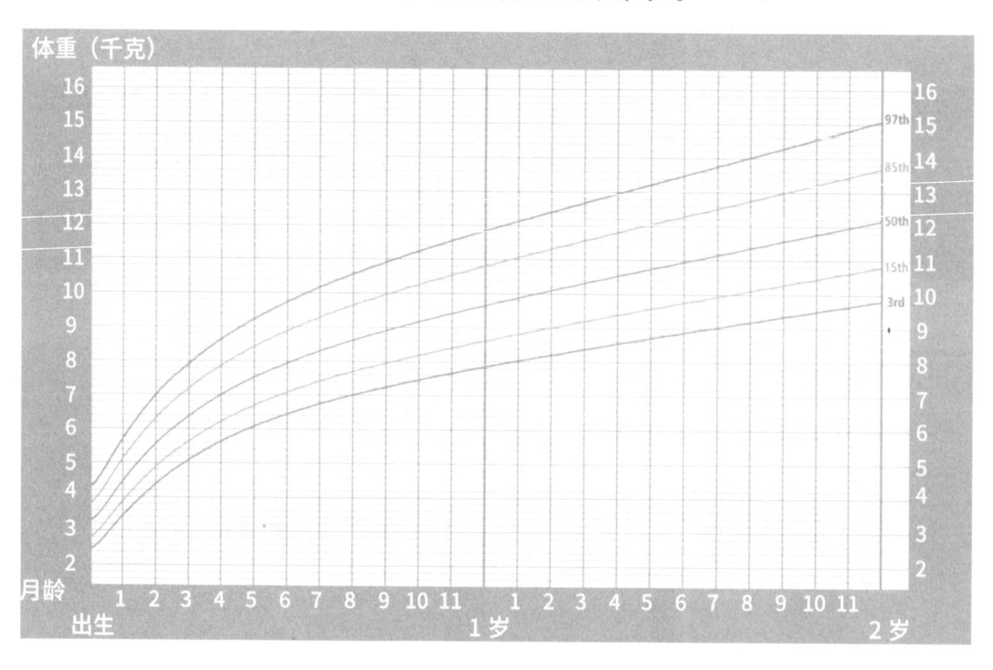

0 ~ 2 岁女孩身长生长曲线

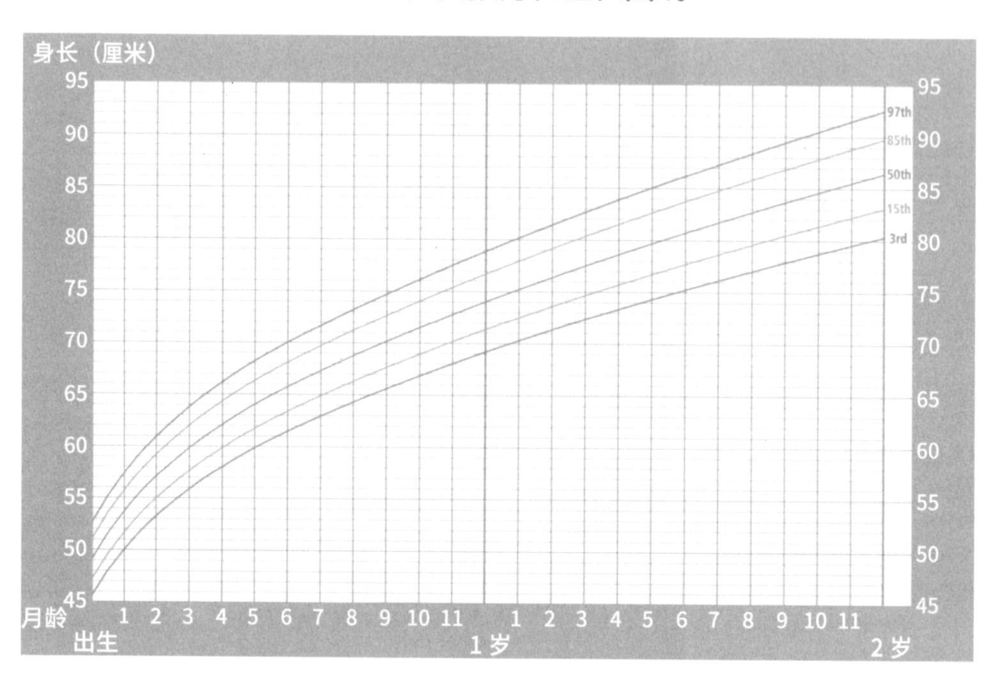

0 ~ 2 岁男孩身长生长曲线

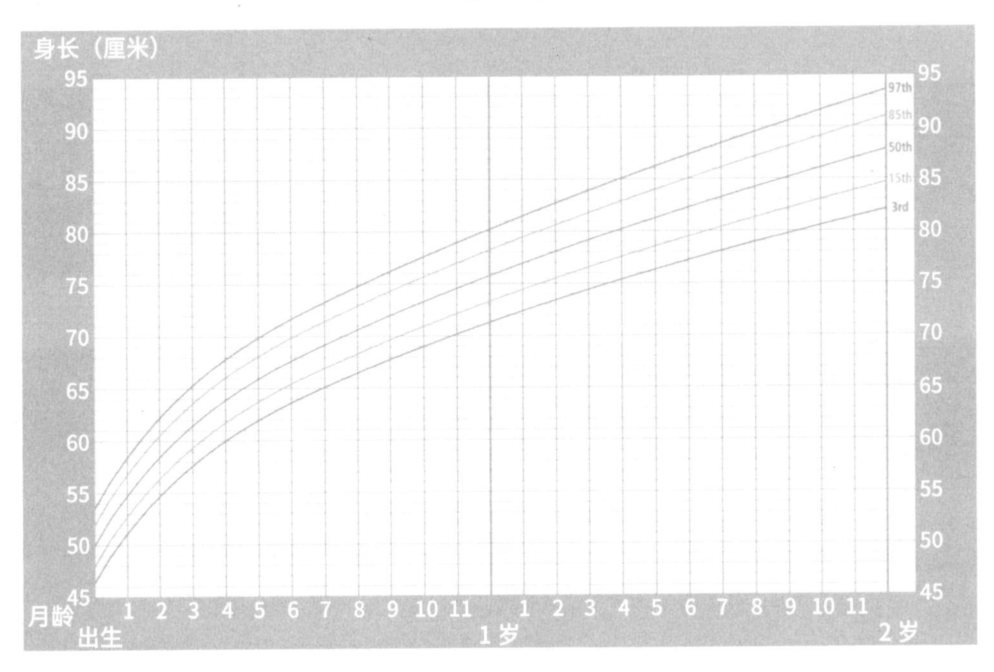

绘制生长曲线容易，理解生长曲线有难度。

上面的生长曲线图标示的是百分位法。图中 3rd、15th、50th、85th、97th 分别表示第 3、15、50、85、97 百分位。

3rd ～ 97th 是正常范围。如果不在这个范围内，需要考虑一些其他情况。

如果体重在 3rd 的位置，说明有 97% 的宝宝比你家宝宝重，你家宝宝看上去会比较瘦；如果身长在 97th 的位置，说明你家宝宝比 97% 的宝宝要高，你家宝宝看上去会比较高。

专家提醒

虽然体重、身高、头围数值在 3% ～ 97% 都算正常，但评估宝宝的生长发育，不仅看单次测值是否位于正常范围，更要关注曲线的走势。

如果宝宝实际的生长曲线与参考曲线走向基本是平行的，说明生长良好；但我们也不要求宝宝必须均匀地平行生长，体重、身高、头围在合理范围内的波动属于正常现象。如果生长曲线增长明显放缓，呈现明显偏离，甚至呈现不增、下降趋势，则需要高度警惕。

专家育娃讲堂

头围往往是家长容易忽略的一项指标。其实，头围能反映宝宝大脑的宏观发育情况，希望家长重视。

分析头围数据，不仅仅看曲线变化，也要结合宝宝的神经发育、身材和家长头围。如果头围低于或高于正常，但宝宝的神经发育正常，头围和身材相匹配，那也不用过于担心。另外，家长的头围也会影响宝宝的头围，比如家长一方（或双方）有头围偏大或偏小，宝宝的头围也可能偏大或偏小。

另外，不建议家长在家频繁测量宝宝的体重、身长和头围。可以每间隔 1 ~ 2 个月测量一次，若测量情况异常，可适当增加测量次数。

03 评估宝宝的 BMI，根据体型精准喂养

虽然体重是反映营养状态最直接的指标，但宝宝的营养状态并不完全由其体重决定。比如体重位于正常范围，但身长很高，这个宝宝看上去可能比较瘦。所以，我们要根据体重和身高的比值来大体分析宝宝是营养不良、正常、超重，还是肥胖。

2 岁以内儿童使用体重 - 身长曲线：$\frac{\text{体重（千克）}}{\text{身长（米）}}$

2 岁以上儿童使用 BMI 曲线：$\frac{\text{体重（千克）}}{[\text{身高（米）}]^2}$

0 ~ 2 岁女孩体重 – 身长曲线

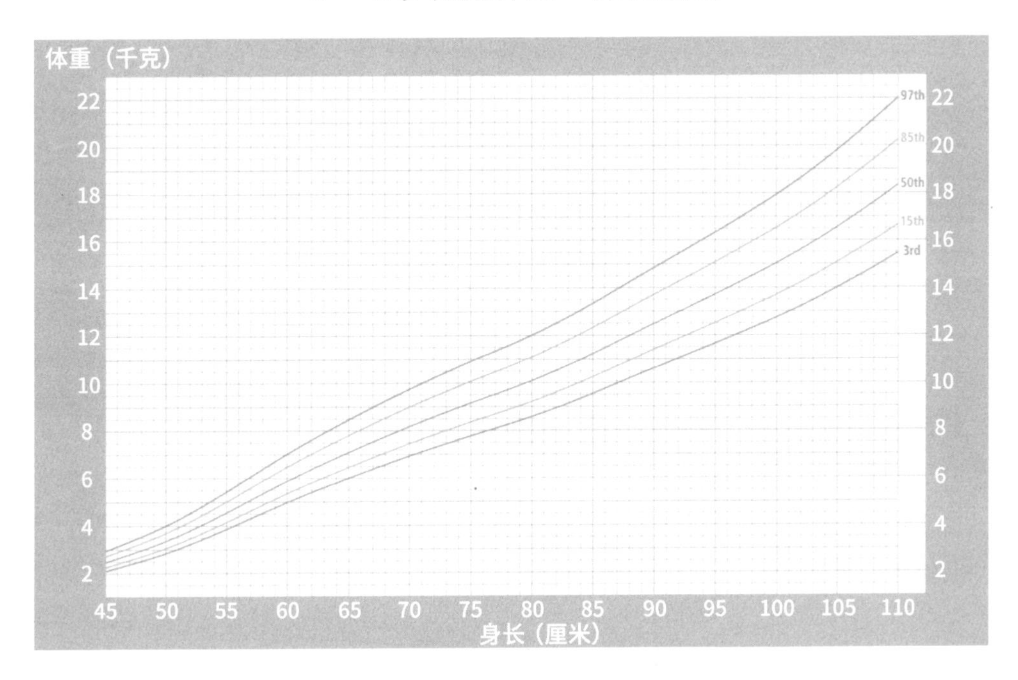

0 ~ 2 岁男孩体重 – 身长曲线

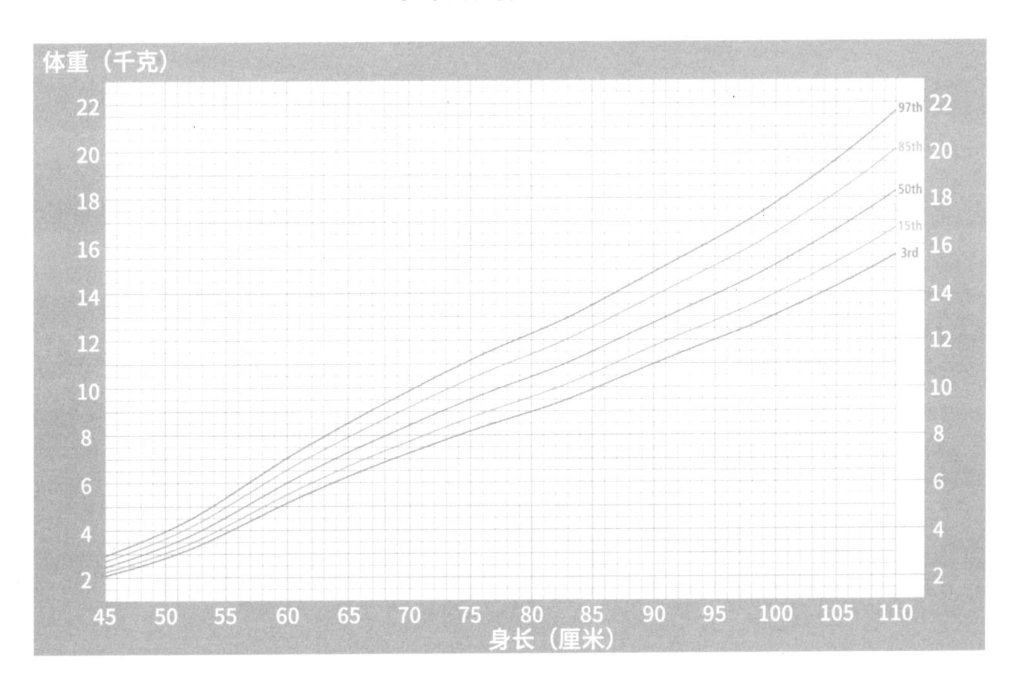

2 ~ 5 岁女孩 BMI 曲线

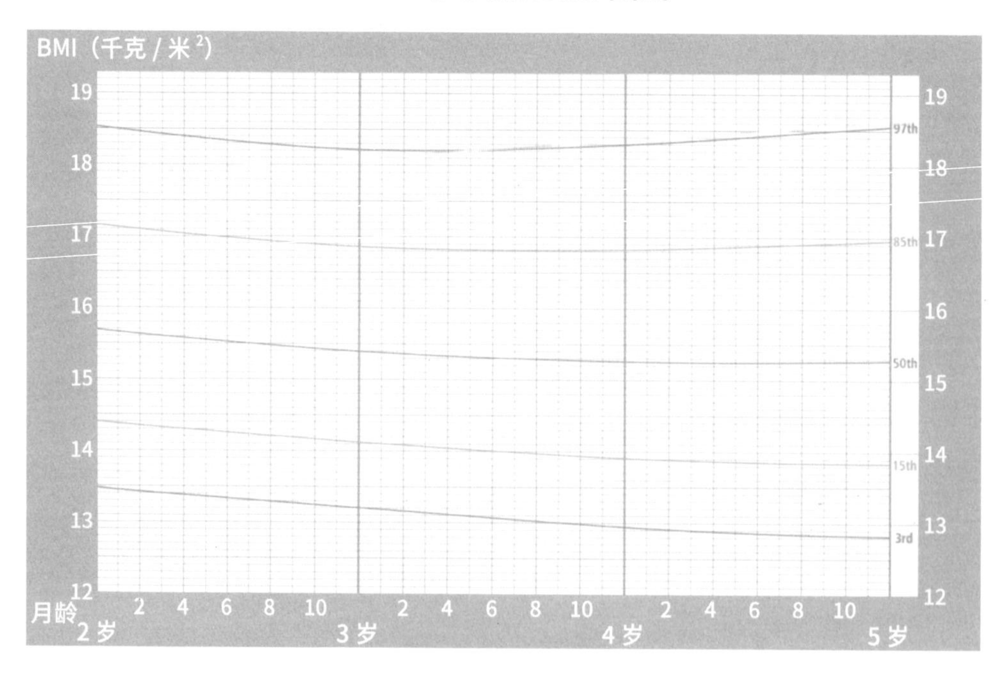

2 ~ 5 岁男孩 BMI 曲线

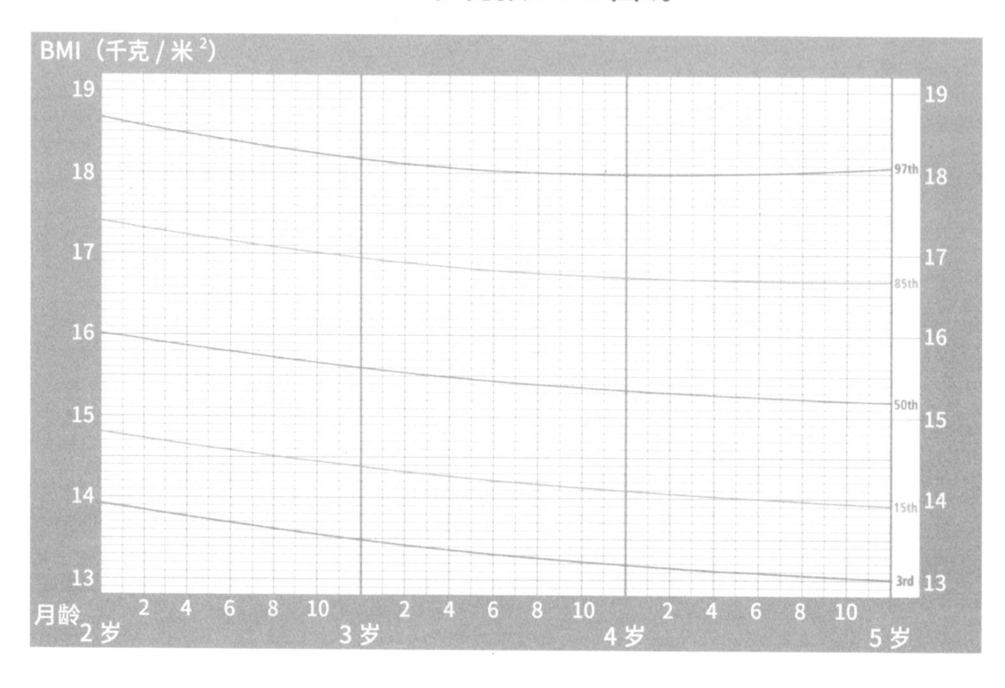

04 容易被忽略的头围生长曲线图，要重视起来

头围往往是家长容易忽略的一项指标。其实，头围能反映宝宝大脑的宏观发育情况，家长一定要重视起来。

0 ~ 2 岁宝宝头围生长曲线图

以下为 0 ～ 2 岁宝宝的头围生长曲线图，家长可自行对照。

0 ~ 2 岁女孩头围生长曲线

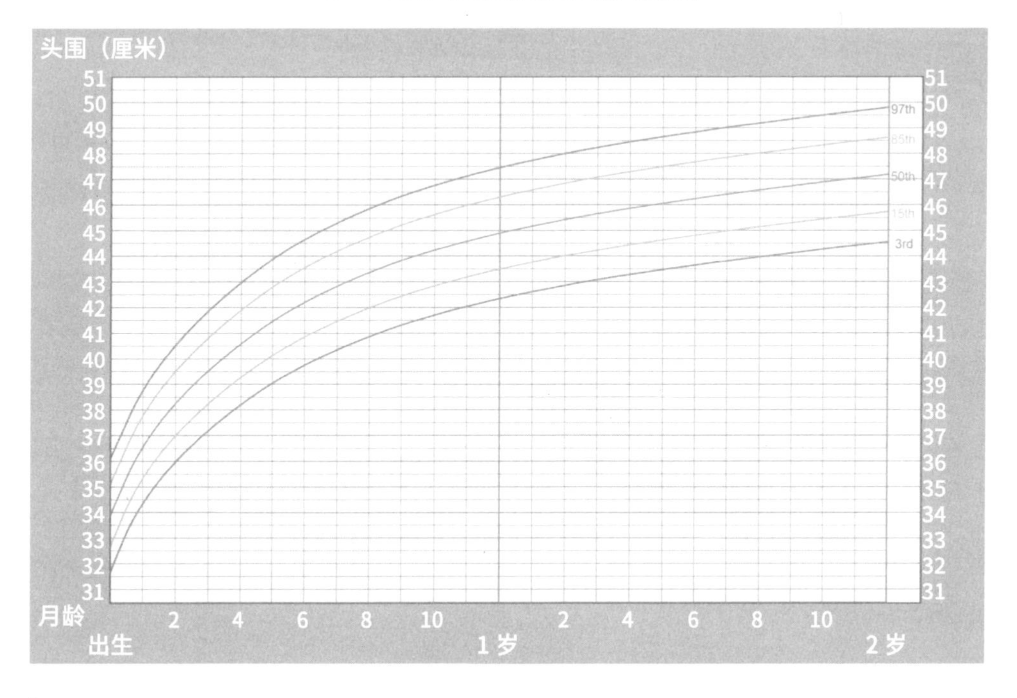

0 ~ 2 岁男孩头围生长曲线

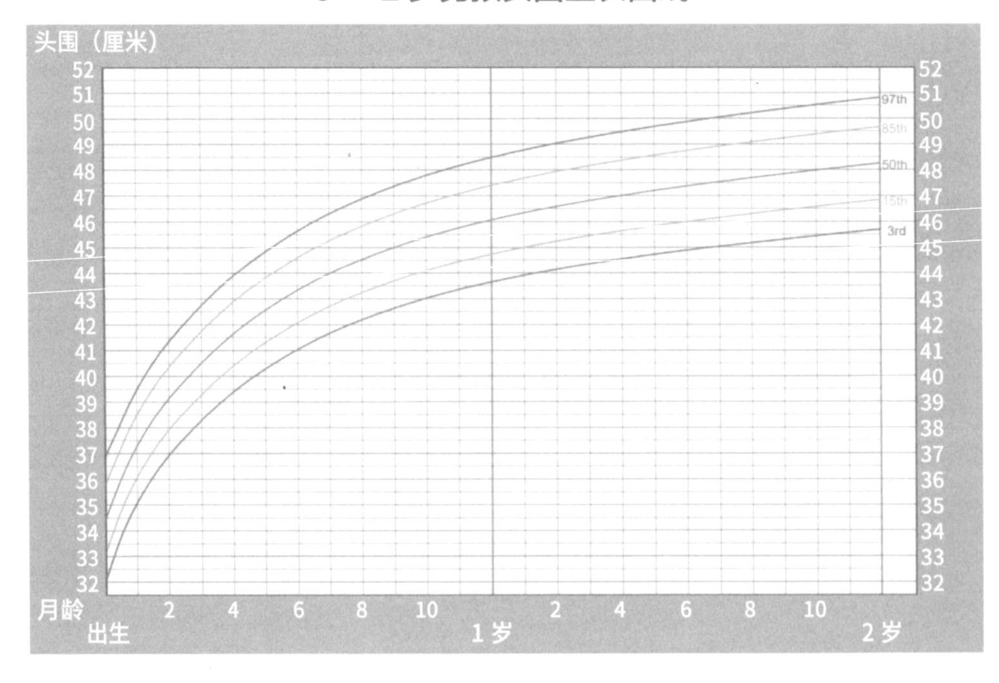

头围测量这样做

软尺量眉毛上缘至枕骨粗隆（后脑勺凸起的地方）3 次，取平均值。

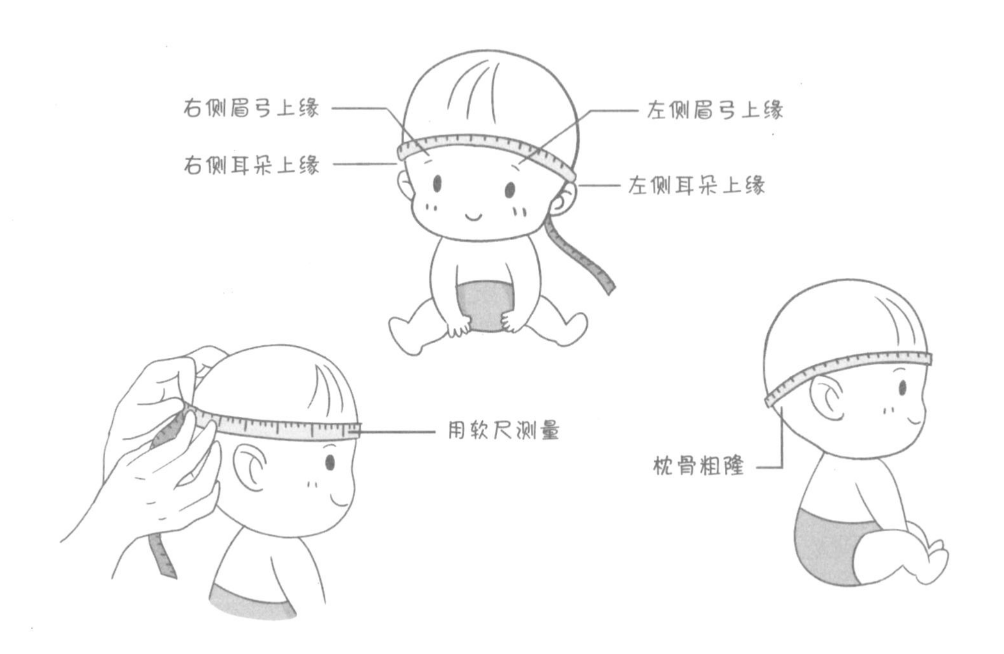

05 及时掌握宝宝大运动和语言发育进程

大运动发育，别追求超凡发育

很多家长都希望宝宝“超凡”生长，最好是朋友圈里第一个会翻身、会爬、会站立、会走路的宝宝。

尽管宝宝的每一次里程碑式的大运动进展都让家长特别激动，但我们也不要认为“越早就是越好、越强壮”，其实只要在正常范围内出现的大运动发育都是正常的。

家长可以对照下面表格中不同大运动发育里程碑的出现时间，来初步判断宝宝的大运动发育是否正常。

世界卫生组织 6 项大运动发育时间表

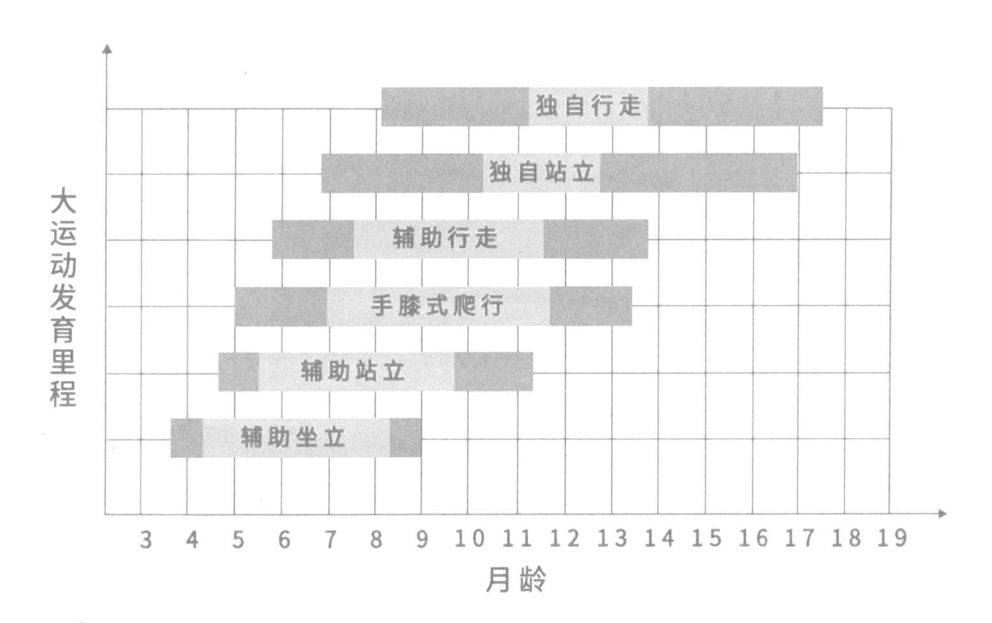

专家提醒

部分宝宝可能会轻微偏离（稍早或稍晚）正常范围，但也是健康的。需要注意的是，如果大运动发育落后，应及时就医，接受专科医生的发育评估。

语言发育，能听懂和会表达是重点

语言发育分为接受语言和表达语言，也就是能听懂和会表达。家长可以对照以下表格看看宝宝有没有达到对应月龄的指标。

宝宝语言发育进程

月龄	接受语言发育	表达语言发育
1	对声音敏感	
2	社会性微笑	
3		发出“咕咕”的声音
4	对声音可以定位	笑
6	知道自己的名字	尖叫、咿呀学语、不同哭声
8		无意识叫“爸爸”“妈妈”
10	懂得“不”	
12	知道家庭成员的名字 知道熟悉物品的名称 知道简单词组，如“再见”“没了” 知道简单需要，如“给我”	会用手势，如指物， 会叫“妈妈”“爸爸”
15	知道家庭成员的名字和熟悉物品的名称 知道身体部分 知道简单词组，如“不要” 知道简单指示（不用手势）	会用手势 除“妈妈”“爸爸”外，还会说其他叠词
18	知道人、物名、图片、身体部分 知道简单指示（不用手势）	会用手势 会说 2 ~ 3 个字 会叫家庭成员
24	知道人、物名、图片、身体部分 （至少 7 个部分） 会简单指示（不用手势）	会用手势 词汇量扩大 会说 2 ~ 3 个字 表达不流利 知生人（25%）

（续上表）

月龄	接受语言发育	表达语言发育
36	知道几乎所有物品名称 知道方位 知道“2”的概念 会区分性别 会 2 ~ 3 个指示	会正确用词，如单复数会 2 ~ 4 个字的句子、短语 表达流利 知生人（75%）
48	会区分颜色 知道“相同”与“不同”的概念 会 2 ~ 3 个指示	会表达过去时 会表达短语 描述故事、事情 知生人（100%）

精细动作发育很重要，家长要做好强化训练

主讲专家

李 瑛

主任医师，现任北京美中宜和妇儿医院儿科大主任，曾任北京市海淀区妇幼保健院儿科主任10余年，在儿科常见病、多发病的诊疗，以及婴幼儿生长发育监测、干预方面有丰富的经验。中国医师协会、中国妇幼保健协会、北京医学会儿科分会学术委员，担任国内多家媒体育儿专家，曾发表学术论文10余篇，出版图书《儿科专家李瑛给父母的四季健康育儿全书》《隔代育儿全攻略》。

妈妈有时候会发现，宝宝在幼儿园还是用不好勺子， 上了幼儿园大班还不会穿鞋子，握笔总是握不好，这是怎么回事呢?

专家提醒，如果你的宝宝存在这些状况，那是因为宝宝的精细动作能力发育不好。精细动作到底有多重要？世界著名教育专家苏霍姆林斯基说：“儿童的智慧在他的手指尖上。”看来，还不知道宝宝精细动作的妈妈真的要好好补课呢!

01 精细运动是什么，有必要进行训练吗

精细运动主要指的是手和上肢各关节的活动及手眼协调动作，也叫小肌肉运动。主要是指手的运动，包括手眼协调、手指屈伸和指尖动作等局部活动，比如用拇指和食指捡起地上的物体、搭积木、涂鸦、翻书、写字等。

在生长发育过程中，缺乏精细动作训练的宝宝将出现很多状况，比如:

- 学习上的障碍
- 情绪焦躁
- 注意力不集中
- 手眼动作不协调
- 运动发育迟缓

科学研究表明，人身体各个部分均由大脑相应的区域来支配，相对来讲，支配双手的大脑区域是最大的。动手能力的培养，能够促进大脑皮层的发育，使宝宝的身体和智力取得长足的进步。大脑发育迅速的幼儿期，精细运动技能的发展有利于早期大脑结构和功能成熟，从而促进感知觉、认知觉及日常生活活动技能的发育。

手眼动作不协调

学习中的障碍

注意力不集中

情绪焦躁

运动发育迟缓

缺乏精细动作训练的宝宝

专家提醒

在宝宝 0 ~ 1 岁时，家长就要开始有意识地对宝宝进行精细动作的训练。

02 宝宝精细运动训练的关键期：0 ~ 3 岁

月龄 / 年龄	精细动作	如何训练
0 ~ 1 月龄	抓握反应	双手进行触觉刺激
2 ~ 3 月龄	抓握反应	刺激够物行为的发生
4 ~ 6 月龄	双手抓握	拇指、他指对捏
7 ~ 9 月龄	捏取动作	从拇指、食指到拇指、他指捏取
10 ~ 12 月龄	手部控制力	开盖、关盖，扔物品
1 ~ 2 岁	手部灵活性、准确性	撕纸、使用勺子、涂鸦、穿珠子、翻书
2 ~ 3 岁	自如控制双手	搭积木、拼插玩具、穿袜子、穿鞋

第一阶段 0 ~ 6 月龄的宝宝

训练目的： 促进宝宝抓握能力及感知觉发育。

道具： 毛线球、质地和颜色不同的袜子或绒布裹住的乒乓球等。

0 ~ 3 月龄宝宝

抓握反应训练

被动抓握： 使手掌打开，拇指不内扣。

方法： 将质地不同或者颜色不同的绒布裹住乒乓球，系上绳子，在宝宝小手够得着的正上方缓慢晃动绳子，逗引宝宝视线追踪。等宝宝注意后，轻轻触碰宝宝的小手，让他将视觉与感知觉联系起来。不同质地的材料能够促进宝宝感知觉的发育。每种质地的材料建议连续使用 3 天后再更换。

4 ~ 6 月龄宝宝

抓捏反应训练

主动抓握：够物刺激，双手抓握。

方法：将毛线球或袜子球用松紧带悬挂，怀抱宝宝，宝宝正面朝向球，扶宝宝的手拍打球，待宝宝注意力集中后，不再帮助他，让他自主伸手拍球、够物。手掌上分布着非常丰富的神经元，通过触摸不同的材质，可以让手掌变得更敏感，进而促进精细运动的发展。

第二阶段 7 ~ 12 月龄的宝宝

训练目的：促进宝宝手指精细动作、手眼协调能力及专注力发展。

道具：广口饮料瓶、矿泉水瓶、水果粒、小泡芙、花生、米粒等。家长注意全程观察，否则宝宝容易误吞。

7 ~ 9 月龄宝宝

捏取动作训练

方法：捏住水果粒或小泡芙递给宝宝，然后示意他递给你，如此循环。等动作熟练后，将花生装入矿泉水瓶，让宝宝摇晃单个瓶子，或两个瓶子互相敲击，辨识不同的声音。最后让宝宝自己主动捏取花生，放入矿泉水瓶里。

10 ~ 12 月龄宝宝

手部控制力训练

方法：将矿泉水瓶盖稍微拧松，确保宝宝稍微转动手指即可开启。随着动作熟练，可以拧紧一些。然后让宝宝捏取花生扔进瓶子。这套动作可以分两步单独练习或组合练习。

第三阶段 13 ~ 24 月龄的宝宝

训练目的： 促进宝宝手指精细动作及生活自理能力的发育。

道具： 拉链包、大纽扣上衣、松紧带裤子、宽口短袜。

13 ~ 18 月龄宝宝

手部灵活性、准确性训练

方法： 给宝宝提供不同材质的纸张，耐心教导宝宝，用双手的拇指和食指对捏住纸张，向两个不同的方向对撕，同时可以用夸张的表情和好奇的声音吸引，提高宝宝的兴趣。

19 ~ 24 月龄宝宝

自如控制双手训练

方法： 让宝宝穿上大纽扣上衣，留下肚脐以下位置的一颗纽扣。帮助宝宝把纽扣洞稍微拉开，纽扣的一半顶入洞口，确保宝宝能够用手指将纽扣推出，解开纽扣。动作熟练之后，可以尝试扣纽扣，方法跟解纽扣相同。

03 精细动作训练有雷区，家长千万要警惕

精细动作训练虽然都是小指尖的运动，却没有想象中那么简单，还是有不少雷区，家长要避免踩到。下面罗列了一些家长容易误踩的雷区。

小测试

>>> The Test

测试看看，这些雷区你踩了几个？

●宝宝想自己拿勺子舀饭吃，手部不灵活，弄得满脸脏，家长忍受不了，一把拿过来喂宝宝吃，无视宝宝的抗议。

●宝宝费力地捏起一块积木，歪歪扭扭地摆在一起，家长嫌宝宝太“笨”，拿过来扶正。

●宝宝饶有兴趣地脱袜子，家长却嫌慢，着急地说“来，妈妈给你脱”。

●家长买来一堆有危险性的小颗粒玩具让宝宝自己练习抓握。

专家育娃讲堂

对于 3 岁以下的宝宝，尽量不要购买有危险性的小颗粒玩具进行训练，如果宝宝误食，会造成不可挽回的后果。

妈妈要根据宝宝的年龄和发育水平来训练他的精细运动，多鼓励宝宝自己动手，要有耐心，一次次正确引导，做到不急不躁。

判断脑部发育状况，高危儿早期干预很关键

主讲专家

鲍秀兰

著名儿科专家，原北京协和医院儿科主任医师、教授，北京宝秀兰儿童早期发展优化中心创办人，从事儿科临床研究和教学工作60多年，主编《0～3岁儿童最佳的人生开端》等著作10余本，多次获得国家卫生部和北京市科技进步奖，享受国务院颁发的政府特殊津贴。数十年来，鲍秀兰带领其团队，累计为数百万家庭及儿童提供早期干预服务，广受好评。

随着时代的发展，尤其是三孩政策的放开，很多妈妈在生育宝宝时成为高龄产妇。高龄妈妈容易生产高危儿，给宝宝未来带来许多潜在问题。

01 什么是高危儿

高危儿，指在胎儿期分娩时或新生儿期具有可能导致脑损伤高危因素婴儿，高危因素包括胎儿时期母体因素、胎儿因素、新生儿期高危因素。

在这些高危因素下生产的宝宝容易出现一些障碍，比如脑瘫、智力低下或癫痫，或者出现一些视听障碍等。

高危儿中最常见的是早产儿，也就是孕37周以前出生的宝宝。

02 高危儿最常见的后遗症有哪些

高危儿最常见的后遗症是脑瘫和智力低下。智力低下的宝宝比脑瘫多，但是家长都不太重视。在早产儿中，脑瘫的发生率大概在3%。

孕32周以前出生的早产儿发生脑瘫的概率比孕32周以后出生的高10倍。越小的早产儿，脑瘫的发生率越高。

03 脑瘫对宝宝有什么影响

脑瘫主要影响运动发育，部分伴有智力低下、语言障碍、认知功能障碍；部分智力不受影响。

脑瘫的宝宝在运动方面会产生各种障碍。人体的运动功能都是由大脑支配的，大脑损伤以后，由大脑支配的运动功能也受到影响，导致手、脚不受大脑支配。或者大脑损伤以后，运动方式不一样了，例如坐的时候驼着背，不能坐直；头竖起来的时候竖不稳，趴着也抬不起头来，伸手不灵活等。

有的叫手足徐动型脑瘫，这大多是由高胆红素血症引起的。宝宝明明想拿玩具，手却伸不到玩具那里，伸到了别的地方，手不听指挥，这就是运动障碍。有的站不起来，也不会爬，运动障碍姿势异常。

脑瘫患儿的异常表现

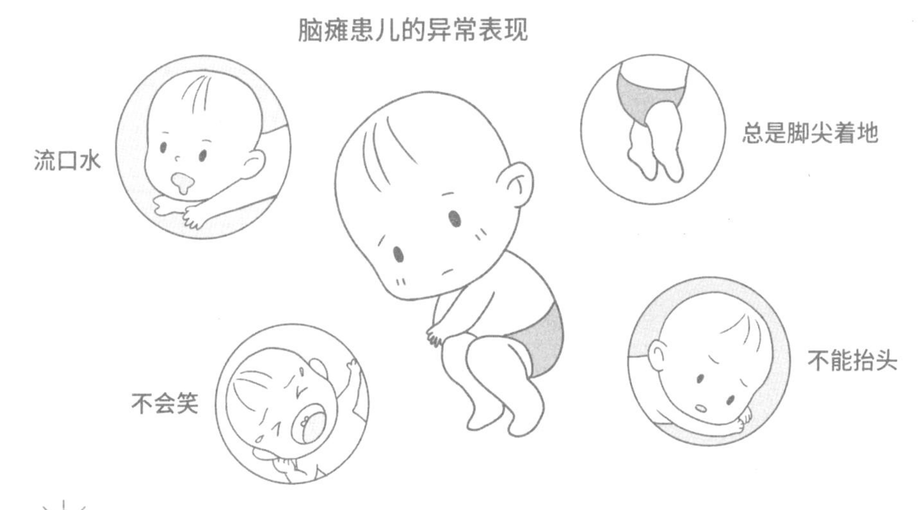

专家提醒

脑瘫的宝宝很多伴有智力障碍。脑损伤以后，不仅影响运动发育，语言功能及认知功能也会受到影响。不过，有一半的脑瘫儿只存在运动障碍，智力不受影响。

04 怎样判断宝宝是否患有脑瘫

怎样判断自家宝宝是不是脑瘫儿呢？下面有一些常见的判断标准可以帮助家长进行判断，先来做做这个小测试。

判断宝宝脑健康状况，家长这样测：

（1）观察宝宝吃奶是否困难

较严重的脑瘫宝宝会出现吞咽困难、不会嘬奶的现象，不过为少数。

（2）看看宝宝2月龄左右是否会吃手

2月龄左右的宝宝一般会吃自己的手。如果宝宝不会吃手，或者一只手会，另一只手不会，要引起重视。

（3）观察宝宝2月龄是否能竖头

一般情况下，2月龄的宝宝竖头1～2分钟是没有问题的。

（4）观察宝宝3月龄左右是否能抬头

一般情况下，2月龄左右的宝宝抬头到45度，3月龄左右的宝宝抬头到90度，是正常的。

（5）观察宝宝4～5月龄是否可以用手抓握玩具

4～5月龄的脑瘫宝宝不能抓握玩具，或者握拳不张开。一般情况下，3月龄以内的宝宝多数处于握拳状态，但是3月龄之后会慢慢张开。

（6）观察宝宝4～5月龄是否能坐立

脑瘫宝宝身体特别软，4～5个月还坐不起来。

（7）观察宝宝6～7月龄是否能翻身

如果宝宝在6～7个月还不能翻身，到以后的站、爬都不行，就是出现运动障碍了。

（8）观察宝宝运动姿势是否对称

脑瘫宝宝在运动的时候会出现一些不对称的姿势，有的是一侧瘫，另一侧正常。有这种情况时，家长也要引起重视。

以上8项，如果宝宝“中招”，则提示有脑瘫风险，但还是建议家长尽早带宝宝到医院进行专业检查，以准确诊断是否真的患有脑瘫。

学会正确区分脑瘫宝宝和正常宝宝

家长要注意，很多动作表现在脑瘫宝宝和正常宝宝身上都会出现，因此，一定要学会正确区分。

（1）不会竖头一定是脑瘫吗？

不一定。不会竖头除了提示脑瘫，还有可能是环境因素造成的。比如宝宝 6 月龄之前没有被竖抱过，所以不会竖头。有这种情况的宝宝只要稍微练习一下竖头就可以了。

（2）双腿掰不开一定是脑瘫吗？

不一定。双腿掰不开，可能提示肌张力高。除了脑瘫宝宝，正常宝宝如果在情绪紧张或者抵触掰腿动作时，也会有肌张力高的假象，这种情况并不是脑瘫。

正确做法是让宝宝坐起来，陪他玩耍，在玩的过程中自然地掰开宝宝双腿。3 月龄以内的宝宝只能掰到 40 ～ 80 度，1 岁左右的宝宝可以掰到很大甚至劈叉（一字马）。

（3）脚尖着地一定是脑瘫吗？

不一定。脑瘫宝宝会出现脚尖着地的现象，但鲍教授检查过 100 个正常宝宝，也会出现 2 ～ 3 个脚尖着地的现象，那么该怎么区分呢？

家长可以通过做足背屈脚来检查，让宝宝躺平，在宝宝放松的情况下顶住他的脚底，如果其脚面和腿能够呈 70 度，就不是脑瘫；如果只能压到 90 度，就提示为脑瘫。

05 宝宝出现脑瘫，怎么办

面对脑瘫宝宝，家长千万不要焦虑，因为家长焦虑的情绪会影响宝宝的生长，对其发育反而不利。家长可以参考以下 7 个方法，做好宝宝的早期干预工作，每天进行 2 ～ 3 次即可。

让宝宝练习翻身

多与宝宝交流互动

多给宝宝做全身按摩

让宝宝练习坐立

引导宝宝抓握

白天培养宝宝趴着睡

多培养宝宝竖头

脑瘫宝宝这样干预

育儿锦囊

宝妈问　临床上有专门治疗脑瘫的药物吗？

专家答　到目前为止，世界上没有药物可以治疗脑瘫，不过家长也不要过分担心，脑瘫是可以通过早期干预来达到康复目的的。家长干预得越早，宝宝的康复效果越好。

06 智力低下更常见，家长千万别大意

临床上，智力低下比脑瘫更常见，不过很多家长不太重视。智力低下若不趁早干预，宝宝长大后容易出现就业障碍。有些智力不受影响的脑瘫宝宝，长大后，反而可以从事一些脑力工作。智力低下的宝宝虽然以后能跑能跳，但是长大后无法从事很多工作。

陪宝宝朗读绘本，让其多开口

陪宝宝运动，提高运动能力

亲自养育宝宝，建立亲子依恋

陪宝宝认字，提高其认知能力

在游戏中多和宝宝说话

智力低下宝宝这样干预

专家提醒

即使是脑部发育正常的宝宝，也要多进行干预训练，可以让宝宝更聪明。

遵循语言发育规律 引导宝宝爱上说话

主讲专家

鲍秀兰

著名儿科专家，原北京协和医院儿科主任医师、教授，北京宝秀兰儿童早期发展优化中心创办人，从事儿科临床研究和教学工作60余年，主编《0～3岁儿童最佳的人生开端》等著作10余本，多次获得国家卫生部和北京市科技进步奖，享受国务院颁发的政府特殊津贴。数十年来，鲍秀兰带领其团队，累计为数百万家庭及儿童提供早期干预服务，广受好评。

养育孩子本是一件幸福的事，可是由于家长过于紧张自己的宝宝，结果体验到的恐惧和焦虑反而更多。比如在成长过程中，宝宝什么时候才会说话就是妈妈十分担心的问题之一。其实，宝宝的语言发育是一门大学问，值得家长好好学习。

01 语言发育到底是怎么回事

关于语言发育，大脑有特殊的机构（语言中枢）去掌控。什么时候会说词，什么时候会说句子，都是由大脑的语言区决定的。语言区包括运动性语言中枢、听觉性语言中枢、书写中枢和视觉性语言中枢。

宝宝的语言发育规律一般由遗传基因决定，所以全世界宝宝的语言发育规律基本相同，都是到1岁左右慢慢会叫“爸爸”“妈妈”。

02 宝宝语言发育规律是什么

每个宝宝的遗传基因不同，语言能力展示出来的时间有早有晚，只要在正常范围内就不用担心。

以下表格总结了 0 ～ 3 岁宝宝的语言发育规律，家长可以对照一下。

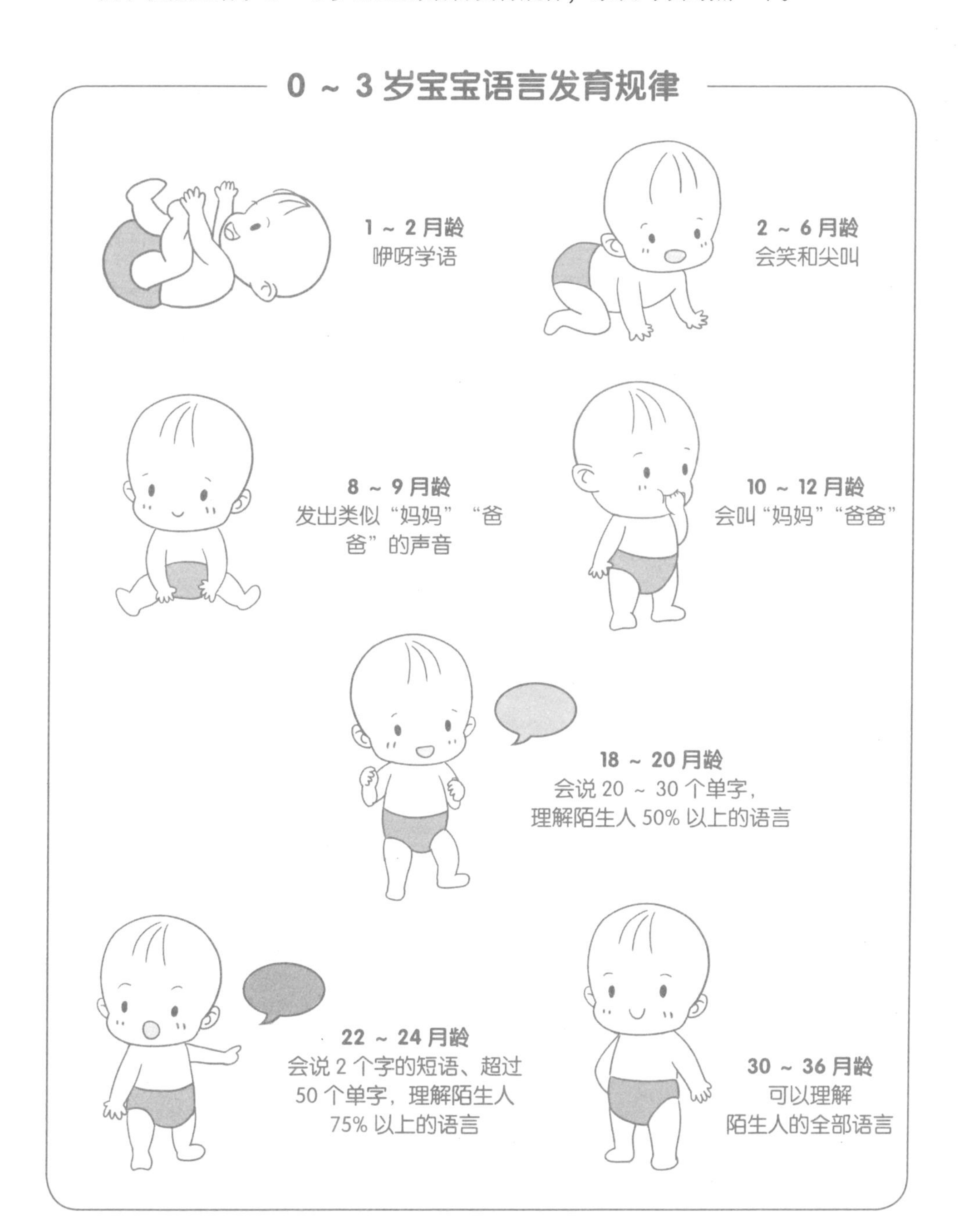

03 宝宝语言发育黄金时期是什么时候

宝宝语言发育有一个黄金时期。如果家长抓住了这个黄金时期，宝宝将来肯定能说会道；可是如果错过了这个黄金时期，要培养宝宝的语言能力，难度大大增加。

那么，这个神秘的黄金时期到底是什么时候呢？

专家提醒

语言发育的黄金时期是6岁以前，如果宝宝语言发育有问题，要在这个时期之内尽早纠正。

育儿锦囊

宝妈问　我家男宝4岁了，还不能成句地说话，明显晚于正常发育标准，到底是什么原因？

专家答　宝宝说话好不好，主要受2个因素影响，一个是遗传基因，另一个是环境。环境因素特别重要，家长一定要多和宝宝交流。如果宝宝2岁还说不到50个单字，25%的概率将来会出现语言障碍。家长千万要注意，不要相信所谓的“贵人语迟”。

04 宝宝说话学问大，家长是最好的早教老师

宝宝说话好不好，不仅受遗传因素影响，还跟家庭环境有很大关系，与朝夕相处的家长的引导工作更是息息相关。要让自家宝宝语言发育好，家长要如何积极引导呢？

家长有反应，宝宝学得快

在宝宝咿呀学语的时期，家长听见宝宝发音时，应模仿宝宝的语声或者用其他语声来回应，这样会提高宝宝发音的兴趣。相反，如果家长不予理会，没有任何积

极回应，可能会抑制宝宝发音的次数，久之，很可能造成不良的影响。

“妈妈腔”有利于宝宝学习发音

“妈妈腔”的特点是发音清晰，吐字缓慢，声调较高，但有感情，句子短而重复多。这种语言有利于宝宝分辨语音并在大脑中储存。到了宝宝1岁左右，妈妈可以用正常发音及语句代替“妈妈腔”。

育儿锦囊

宝妈问 我家宝宝12个月了，会连续说一些话，我应该用成人的语言还是用宝宝的语言跟他对话？

专家答 如果宝宝年龄偏小，建议用“妈妈腔”跟他对话。到了1岁左右，就要用正常的发音跟他对话。

词语与实物联系，看到什么说什么

平时和宝宝交流时，家长看到什么就说什么，可以让宝宝对事物有更新鲜的记忆，主动说出事物的名称，说出看到的动作。

专家育娃讲堂

怎样利用形象来培养宝宝的语言能力？

要有形象地跟宝宝交流，给宝宝吃苹果的时候就对他说“你看，这个苹果是圆圆的”，让宝宝看一看形状，看一看颜色，摸一摸外形，最后让宝宝尝一尝。让宝宝亲自体会这个苹果，他就会慢慢知道“这就是苹果”。

妈妈在教宝宝语言的时候，要带他去实际的情景里，这样比看书学得更快。比如，妈妈可以把卡片上的苹果和真实尝到的苹果联系起来；妈妈带宝宝到动物园时，要边让宝宝看动物，边告诉他动物的名字，让他身临其境地学习语言，提高语言能力。

不要急于纠正发音

当宝宝早期试图发出有意义的语音时，不要因为他发音不准确而急于纠正，这相当于把宝宝兴致勃勃说出新字的兴趣扼杀了，好像在说“你总说错，不如不说”。

因此，家长教宝宝说话的好方法是以身作则，发出正确的语音，让宝宝模仿，而不是刻意、急切地纠正。

多陪伴宝宝读书、朗诵

宝宝 6 月龄的时候，就要开始给他看一些绘本。一开始看的时间短一点，1 ～ 2 分钟，慢慢地，时间长一点，到 5 ～ 10 分钟。每天给他讲故事，听着听着，宝宝的语言表达能力就会提高。再大一点，可以陪他朗诵。多朗诵短文，当词汇积累足够了，宝宝也会表达流畅。

家长有反应，宝宝学得快

“妈妈腔”有利于宝宝学语

多陪宝宝朗诵

不要急于纠正宝宝发音

词语与实物相联系

专家提醒

书本上的句子结构比较规范完整，多给宝宝读，可以规范宝宝的语言语法，开拓他的思维。宝宝积累的词语越多，智力也会越高。

专家育娃讲堂

宝宝何时学第二门语言比较合适？

很多家长都困惑于：什么时候开始让宝宝学外语？学早了怕影响他对拼音和中文的学习，学晚了怕他输在起跑线上。

如果宝宝本身处于双语或多语环境下，那么从小接触外语，并不会对母语的学习产生影响，早学是没有问题的；如果宝宝没有处于双语或多语环境中，没必要过早地制造多语环境。教育专家建议宝宝到 3 ~ 4 岁再开始学习第二门语言比较好。

娇嫩宝宝呵护好，新生儿护理要小心

主讲专家

胡丽莉

儿科学硕士、副主任医师。硕士毕业于南昌大学医学院。2005 ~ 2014 年在厦门大学附属第一医院儿科工作。2014 年入职北京和睦家医院儿科工作至今。2008 年赴加拿大 IWK 医学中心接受新生儿医生专业培训。2018 年获 Sydney Child Health Program 认证。在危重新生儿、早产儿救治方面积累了丰富的经验，擅长高危新生儿随访、儿科常见疾病的诊治及急症处理。

对呱呱坠地的新生儿，新手爸妈既欢喜又焦虑。欢喜的是，日盼夜盼的宝宝终于降生；焦虑的是，自己从没有照顾过宝宝，不知道从何下手，生怕一不小心弄伤了宝宝。要成为称职的新手爸妈，该学习的东西非常多，尤其是关于新生儿的护理知识，更要用心掌握。

01 脐带护理，新手爸妈要学习的第一个技能

脐带是连接宝宝和妈妈的第一个纽带，而脐带护理也是新手爸妈需要掌握的第一个技能。

关于脐带，新手爸妈先认识一下它离开母体后的发展变化过程吧。

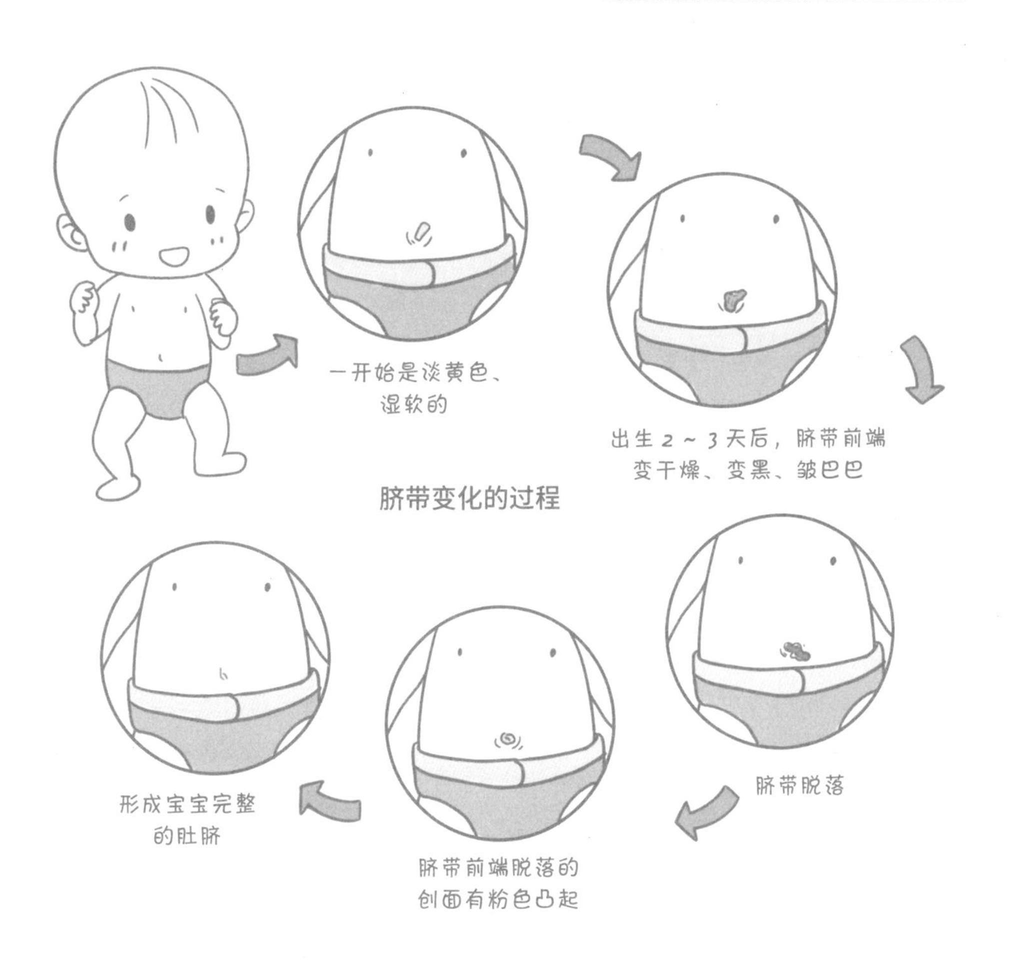

脐带变化的过程

脐带多久会脱落

一般来说，脐带 1～2 周会自动脱落，家长千万别乱抠。如果乱抠，后果十分严重，有可能导致宝宝患上败血症。

如果超过 2 周仍未掉落，可以寻求医生的帮助。

专家提醒

在进行脐带护理时，一定要谨记两点：保持干燥，保持清洁。

脐带护理有哪些注意事项

●尿不湿容易硌着脆弱的脐带，可能导致出血。

小妙招：将尿不湿反折，露出脐带。

●很多家长会用酒精或碘伏擦拭宝宝脐带，认为可以起到清洁作用。这是完全错误的观念，因为使用酒精或碘伏擦拭脐带，可能导致宝宝脐带延迟脱落。

小妙招：用棉签清洁肚脐周边皮肤、脐带基底，每天清洁 1 次，自然晾干即可。

02 给新生儿洗澡，说简单但不简单的工作

很多家长认为给新生儿洗澡是一件极其简单的事情，可一旦抱上宝宝要放进水里时，却又手忙脚乱，无从下手。可见，给新生儿洗澡并不那么简单，需要注意的事项非常多。

首先要了解新生儿多久洗一次澡，新生儿洗澡频率为夏天或温室下每天洗一次，秋冬季节或气候干燥时每 2 ～ 3 天洗一次。

环境准备	室温：26 ℃以上 水温：36 ～ 37 ℃（用水温计测量） 水量：洗澡盆 2/3 以下
物品准备	用品：婴儿沐浴露、婴儿润肤乳、婴儿护臀霜、婴儿纸尿裤、婴儿浴巾
洗浴	洗身体：洗身体时，一只手托着宝宝的脖子和背部，另一只手淋水。注意，妈妈的手一定要一直固定好宝宝。给宝宝洗背部时，不要让宝宝头朝下，容易呛水。正确方法是将宝宝稍微侧转，一只手从背部擦洗 洗头：给宝宝洗头更要小心，千万不要让水进入宝宝眼睛里。要将宝宝往后移动，妈妈一只手轻轻泼水洗头
洗浴后	擦干：洗干净后，用浴巾包裹、擦干宝宝，尤其是大腿根部、腋下、颈部和指缝等身体褶皱处 抹婴儿润肤乳：给新生儿选择婴儿润肤乳，一定要是无其他添加成分的产品。合适的使用量是使宝宝全身湿润

育儿锦囊

宝妈问　宝宝皮肤那么娇嫩，可以使用洗发水、沐浴露这些沐浴产品吗？

专家答　可以，但要适量。

宝宝需要使用无肥皂成分的弱酸性（pH 5.5~7.0）洗发及沐浴产品，不过一般一周用 1 ~ 2 次即可，不必天天使用。另外，宝宝身上有油油的胎脂，也不必强行洗掉。

03 新生儿头部和五官的清洁

新生儿头部有结痂，脸上经常有眼屎、鼻垢等很正常，可是家长在进行清洁时往往容易损伤到宝宝娇嫩的皮肤。接下来，一起学习该如何清洁宝宝的头部和五官。

很多新生儿头上有结痂，有湿湿软软的头垢，家长总忍不住想擦掉或者抠掉，这是完全错误的。

宝宝头上的结痂叫乳痂，医学上称为脂溢性皮炎，需要让它自行脱落。护理方法是用油脂（凡士林或葵花籽油）软化，促进其自行脱落。

耳道分泌物会自行脱落，不管多大的宝宝，都不用给他掏耳朵。如果家长用棉签给宝宝掏耳朵，很可能造成其耳膜损伤。

正确做法是在宝宝洗澡后，用棉签蘸温水擦拭其耳洞周围皮肤和耳郭，接着用纱布清洁耳背。

同样道理，千万不要用棉签掏宝宝的鼻子，否则会损伤他的鼻腔黏膜。只有在鼻垢露出时用棉签轻轻擦拭掉，新手爸妈要记住，只在宝宝的鼻子表面清洁。

每天用纱布蘸温水，轻柔地擦拭宝宝的上眼睑和下眼睑，由内侧擦向外侧。

如果宝宝眼屎很多，不容易擦掉，记住以下两个清洁要点：

○用生理盐水滴眼。

○用干净纱布清洁。

宝宝经常会溢奶，这时要用纱布蘸温水，轻柔地擦拭他嘴巴上的污垢。

专家育娃讲堂

给宝宝做抚触按摩，可以增进家长和宝宝之间的感情，提高宝宝免疫力，促进宝宝神经系统发育。按摩腹部可以缓解宝宝肠绞痛。另外，抚触还是一种非常好的睡前放松方式，宝宝出生后，就可以每天给他做抚触按摩。

抚触可做到宝宝 1 岁，如果宝宝很享受，可以一直做下去。

抚触时间：根据宝宝的情绪，抚触可以做 10 ~ 30 分钟。

若宝宝特别喜欢哪个部位的抚触，可以多按摩一会儿，家长可以从中找到安抚宝宝的方式。

宝宝抚触这样做最舒服

按摩眉毛和鼻子

先往面颊两边画圈，再从鼻翼两侧往面颊部画一个心形。

放松按摩

用按摩油润滑双手，按梳头式在头部梳一会儿，然后按打圈式在头皮上按摩，动作要轻柔而有力度，让宝宝得到放松。

按摩耳郭和下巴

用拇指和食指在宝宝的耳郭进行画圈式按摩，下巴的按摩是打圈式的。

按摩胸腹部

胸部是画十字式按摩。宝宝的腹部按摩要按顺时针方向，双手交替按摩，像车轮一样滚动。

按摩双手臂

手臂按摩可以有两种手法：一种是挤奶式的，从肩部向手部挤压；一种是环抱打圈式。宝宝的手指头也要抻一抻，手掌心也可以按摩一会儿。

按摩双腿、双脚

双腿部的按摩方法跟双手臂是一样的，用揉捏式或者挤压式。按摩宝宝的小脚丫时，可以先捏脚底，再逐个捏捏脚趾头，最后让宝宝趴着，抚触一下他的后背。

捏脊

先从头到臀部整体按摩一下，再由脊柱中间往两侧按摩，还可以捏脊。

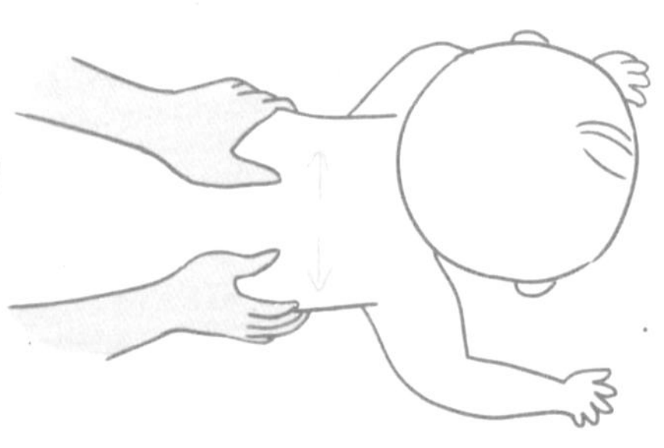

揭开免疫力的真相，为宝宝打造健康盾牌

主讲专家

虾米妈咪

原名余高妍，儿科医生、科普作者，毕业于上海交通大学医学院，儿童保健硕士。公益科普 12 年，全网 1000 万 + 粉丝，媒体上最受家长信赖的儿科医生妈妈。先后荣获健康中国最具新媒体影响力个人、微博最具推动力育儿大 V、微博十大影响力医疗大 V、搜狐医疗行业最佳自媒体人等称号。著有科普畅销书《虾米妈咪育儿正典》《虾米妈咪育儿日志 2022》等。

为了让宝宝少生病，妈妈想尽各种办法提高宝宝的免疫力。可是，有时候一些做法其实是在悄悄降低宝宝的免疫力。许多家长并不了解免疫力的真相，甚至走进免疫力的误区。接下来，揭开免疫力的真相，为宝宝打造健康盾牌。

01 宝宝一年生几次病才算正常

许多家长最关心的一个问题是如何提高宝宝的免疫力， 甚至家长认为自家宝宝经常生病是因为免疫力低下。

事实上，国外儿科医生认为免疫系统功能正常的儿童，3 岁之前平均每年患急性呼吸道疾病 6 次左右，3 岁入园以后平均每年患急性呼吸道疾病 10 次左右，都是正常的。

许多被家长认为是体弱多病、免疫力低下的宝宝一般不会达到这个发病次数。看来，要刷新对免疫力低下的认识了。

02 真正意义上的免疫力低下是什么样的

当然，不能否认的是，确实有一些宝宝免疫力低下，患有免疫缺陷性疾病。家长该如何判断宝宝的免疫力是否低下？

主要有以下 4 个判断标准

1	宝宝生病极其频繁，生长发育速度明显低于同龄人
2	宝宝每次生病都必须静脉输液或者直接住院治疗
3	宝宝每次生病不是脑膜炎，就是败血症或肺炎这些严重感染性疾病
4	细菌感染后，不用抗生素就不会痊愈，至少得用足 2 个月，否则效果不显著

看看，我们身边的大多数宝宝不是这样吧。这么一对照，大多数宝宝的免疫力是正常的。说到这儿，部分家长又有疑惑了：“既然宝宝免疫力正常，那他经常生病又是怎么一回事呢？”

育儿锦囊

宝妈问　既然免疫力正常，那我家宝宝为什么总会生病？

专家答　宝宝的免疫功能在不断完善中，抗病能力要到 5 ~ 6 岁才发育完善。如果宝宝动不动就头疼脑热，可以看看下面这 3 点原因。

○家长过于精细或者粗心地看护。

○家长过分担心和经常不必要地给宝宝用药。

○宝宝疾病没有彻底痊愈就送去幼儿园或学校。

家长平时应避免以上做法，相信宝宝就会减少生病次数。

03 注意宝宝免疫力较弱的几个时间段

宝宝的免疫状况处在不断完善的过程中。宝宝的免疫力除了受先天体质影响，还会随着后天环境的不断变化而变化，有时候免疫力会比较强，有时候免疫力较弱。那么，宝宝的免疫力在什么时候较弱呢？

（1）开始添加辅食时

宝宝6个月后，单纯靠母乳无法满足生长发育需要，需要添加辅食，这个时期有可能热量供应不上，或者辅食添加不合适，宝宝免疫力有可能变差。

（2）断奶时

母乳中含有一定的抗体，断奶也会使得宝宝缺乏这类抗体的支持。

（3）入园时

幼儿园是个集体环境，这里存在着各种各样的细菌和病毒。宝宝身体里相应的免疫机制尚未完全建立，极易感染生病。

毫无疑问，宝宝免疫力较弱的时候容易受到细菌或病毒攻击，家长千万要注意。

04 如何才能打造宝宝强大的免疫力

有些家长认为不生病才是免疫力强，那绝对大错特错。正因为有了这些小病，宝宝免疫力才会在与病菌的不断“抗争”中越来越强。如果永远不生病，那孩子的免疫力当然也永远得不到提高。

家长要了解更多的育儿知识，知道这些疾病、问题背后的真正原因，今后再遇到同样的问题时，就能顺其自然、科学理智地处理和喂养宝宝啦。

科学护理宝宝

专家提醒

过于精细或特别粗心大意地照护宝宝身体，都是导致其免疫力下降的主要因素。家长要学会科学、理性地看护和喂养宝宝，才能为宝宝打造健康盾牌。

下图列举了一些免疫力的“朋友”和“敌人”，看一看宝宝免疫力下降的“朋友”多还是“敌人”多吧。

免疫力的“朋友”和“敌人”

免疫力的“朋友”	免疫力的“敌人”
健康均衡的饮食（包括母乳喂养）	不健康和不均衡的饮食（包括过早添加配方奶粉、过分依赖再加工食物等）
生活规律及充足睡眠	生活不规律和睡眠不足
适当的锻炼	缺乏运动，不进行户外活动
按时预防接种	不规范的预防接种
必要的清洁和良好的卫生习惯	不注意或过度清洁和不良的卫生习惯
允许生一些小病和合理用药	盲目吃保健药品和不必要的用药（尤其是抗生素）
合适的穿着	天热过度贪凉或天凉过度保暖

05 有关免疫力的误区，你们踩过几个

对于“免疫力”这个词，家长太熟悉了。可是你们真的认识免疫力吗？你们知道免疫力的误区吗？以下误区，你们又踩过几个呢？让我们一起跟着专家学习吧。

误区 1：免疫力越强越好

当免疫力过强时，人体就会出现异常表现，很有可能对外界一点点刺激就反应过度，比如过敏。所以，认为“一个人免疫力高，就不会生病”的观点是不正确的。我们通常所说的“好的免疫力”，是指免疫功能正常。

误区 2：反复感染就是免疫力低下

千万不要在没有客观依据的情况下，轻易判断免疫力低下，更不能把过敏和免疫力低下混为一谈。判断免疫力低下，要有反复、严重感染的事实，并具备血液免疫学检查的证据。经常出现流鼻涕、打喷嚏、咳嗽等呼吸道症状，并不意味着反复感染，也可能是过敏所致。

误区 3：吃提高免疫力的药物或营养品就能提高免疫力

千万不要轻易使用提高免疫力的药物或营养品，不必要地使用，不仅没有益处，反而会对免疫系统造成损害。如果在免疫力正常的情况下使用免疫增强剂，有可能引起宝宝过敏等其他免疫性疾病。

误区 4：积极治疗普通的感冒发热，害怕免疫力下降

越是积极治疗小病，往后越容易生病，家长不要害怕宝宝生小病，要避免不必要的用药。虽然细菌或病毒感染，都会使宝宝身体感到不适，但都能在一定程度上促进免疫系统的成熟与完善。

误区 5：血常规提示白细胞和中性粒细胞水平升高，就用抗生素

其实，人体对轻微的细菌感染有足够的抵抗能力，频繁使用抗生素，反而会损伤免疫系统。当发生细菌感染时，血液中的白细胞和中性粒细胞增多，这是人体免疫系统正常的反应。

误区 6：经常使用消毒剂消毒

我们只需要清洁、干净的环境，并非无菌环境。其实，过度干净的环境对任何年龄阶段人群的免疫力都是一种干扰，反而会有碍人体免疫系统的成熟与完善。

家庭常备儿童小药箱，遇事更冷静

主讲专家

冀连梅

“问药师”创始人。科普书《冀连梅谈：中国人应该这样用药》《冀连梅谈：中国人应该这样用药（图解母婴版）》《冀连梅儿童安全用药手册》作者 。美国药师协会“药物治疗管理（MTM）培训”讲师，中国药师协会药学服务创新工作委员会副主任委员，中国医师协会健康传播工作委员会委员。

每位妈妈都希望自己的宝宝健健康康的。可是，不管怎么小心呵护，小宝宝还是免不了偶尔咳嗽、发热、腹泻。医院里的儿科门诊总是人满为患，家长也十分头疼。一碰到宝宝头疼脑热，家长内心也有止不住的烦躁。

所以，几乎每个家庭都有一个小药箱，里面放着五花八门的家庭常用药，并且80% 是针对儿童使用的。

01 针对宝宝的家庭小药箱要怎样装备

要怎么为宝宝准备最合适的药品呢？建议家里常备缓解症状的药，比如专门针对宝宝发热、腹泻、皮疹这些症状的药都应当备齐，但是像抗生素（不是针对症状的）这类药，不需要常备家中。

常见病 1 发热	38.5 ℃以上服用退热药，如对乙酰氨基酚或布洛芬 38.5 ℃以下，精神状态好，不需要服用退热药，多喝水、多休息、少穿、少包裹
常见病 2 普通感冒	感冒是自限性疾病，不需要服药，只需要准备缓解症状的药 专家提醒：如果宝宝有鼻痂，先使用吸鼻器清洁；然后将生理性海盐水鼻腔喷雾摇匀，侧着对准宝宝鼻子喷进去
常见病 3 过敏	针对过敏症状，专家建议服用抗组胺药，如氯雷他定、西替利嗪
常见病 4 咳嗽	咳嗽是一种症状，要针对背后的病因选择药物。针对咳嗽，不建议盲目使用止咳药；密切观察宝宝精神状态，看是否发展为其他疾病，再酌情处理 专家提醒：镇咳药福尔可定含可待因类似物，用多了会成瘾，不建议 16 岁以下的儿童使用
常见病 5 腹泻	推荐药物：口服补液盐，补充水分和电解质 专家提醒：不要盲目止泻，不建议使用益生菌 服用方式：首选口服补液盐Ⅲ，按说明书一次性配好，让宝宝分次、适量饮用。如果没有口服补液盐Ⅲ，可以将口服补液盐Ⅱ稀释 1.5 倍后给宝宝服用
常见病 6 便秘	普通便秘的，建议多运动、多补充膳食纤维；长期便秘的，推荐使用乳果糖口服液
常见病 7 蚊虫叮咬	推荐药物：含避蚊胺的驱蚊药 专家提醒：驱蚊产品属于农药类别，不要涂到宝宝手上，要及时清洗

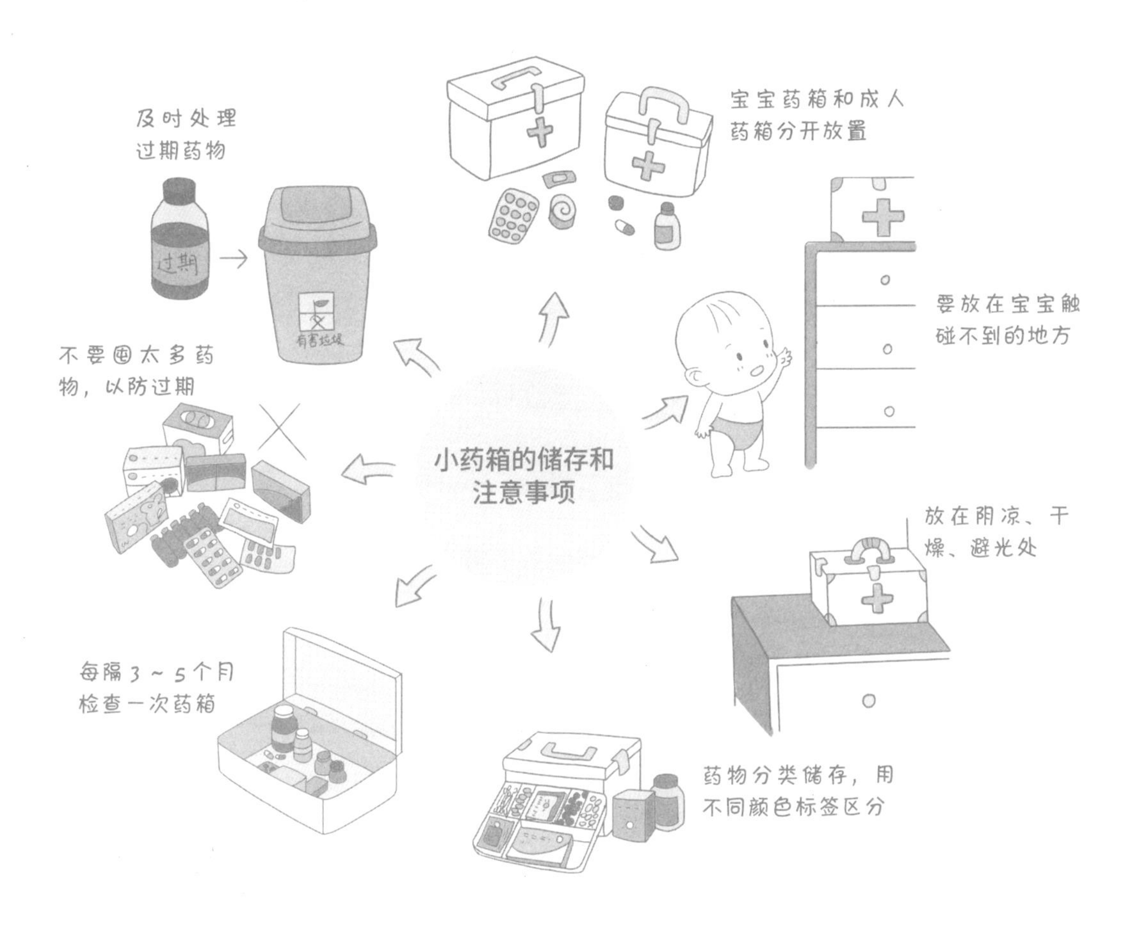

02 学看药品说明书，做聪明家长

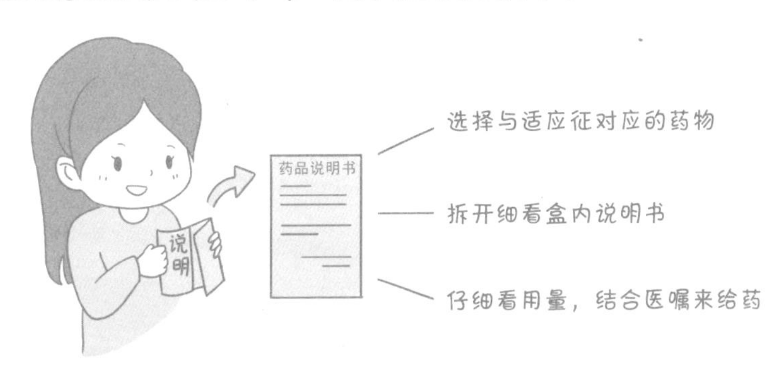

给宝宝使用药物之前，家长总是隐隐有些担心，毕竟没有医生指导，生怕自己错误用药而给宝宝造成伤害。其实，家长也不用过于焦虑。药品说明书就是你们的好帮手。大前提是，家长一定要学会看药品说明书。

03 带宝宝旅行，旅行小药箱里应该装什么

出门旅行是爸爸妈妈最放松的时候，旅行时光也是最甜蜜的亲子时光。可是，如果宝宝在旅行途中生病了，也就没有了旅游的美好心情。其实，妈妈完全可以在出门旅行前为宝宝准备便携的小药箱，以备不时之需。

首先携带应对宝宝常见病的药物，其次要携带体温计、喂药器、防晒霜、防晒帽。

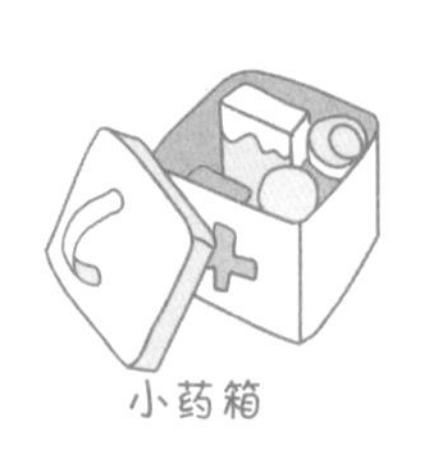
小药箱

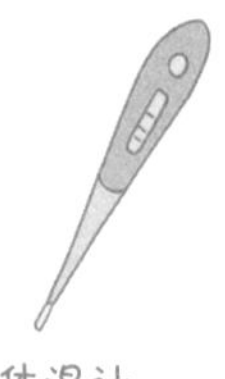
体温计

喂药器

防晒霜

防晒帽

旅行小药箱应该装备这些

退热药	药品：对乙酰氨基酚滴剂（或者口服液），布洛芬混悬滴剂（或者口服液） 注意：根据宝宝年龄大小，选择滴剂或者口服液。只需备一种即可，避免发生用药错误
皮肤相关	药品：炉甘石洗剂或地奈德乳膏，任选一种即可，避免发生用药错误 注意：如果能够买到，建议首选地奈德乳膏，体积小、便于携带，可用于夏季的蚊虫叮咬。创伤使用百多邦软膏和创可贴。不建议备液体的消毒制剂，不便于携带。出现大伤口时，还是需要到医院就诊
过敏相关	药品：西替利嗪滴剂或氯雷他定糖浆只需要备一种，避免发生用药错误 注意：这类药物适合容易过敏的孩子
胃肠道相关	药品：口服补液盐Ⅲ或葡萄糖电解质泡腾片 注意：夏季旅行，腹泻是宝宝最容易发生的疾病之一。宝宝腹泻期间可能会脱水，应多补充水和电解质

育儿锦囊

宝妈问 外出游玩的时候，我发现我家宝宝对防晒霜过敏，怎么办呢？

专家答 有些宝宝对很多防晒霜过敏，小心是日光性皮炎；除了注意防晒，还要避免给他吃茴香、香菜、芹菜等光敏性食物。

不要“小”宝宝，先学好长高必修课

主讲专家

李 瑛

主任医师，现任北京美中宜和妇儿医院儿科大主任，曾任北京市海淀区妇幼保健院儿科主任10余年，在儿科常见病、多发病的诊疗，以及婴幼儿生长发育监测、干预方面有丰富的经验。中国医师协会、中国妇幼保健协会、北京医学会儿科分会学术委员，担任国内多家媒体育儿专家，曾发表学术论文10余篇，出版图书《儿科专家李瑛给父母的四季健康育儿全书》《隔代育儿全攻略》。

对于宝宝的身高发育，不少家长都会有各种担心。很多家长为了让宝宝快快长高，更是想尽各种奇奇怪怪的办法。除了踮脚、摸高，还有五花八门的绝招。那么，宝宝长高到底有哪些秘诀？

其实，宝宝身高除了受遗传因素影响，宫内发育情况及后天的营养摄入和生活方式也会有一定影响。只要学会运用科学方法，抓住宝宝长高关键期，宝宝的身高还是能够往上长一长的。

01 身高测量四部曲，你们掌握了吗

你家宝宝现在到底有多高？你们测量准确了吗？该怎样准确地测量宝宝身高？其实，测量宝宝的身高也是一门学问。如果测量身高选择早上和晚上两个不同的时间，测出的结果可能会相差0.5～1厘米。所以，测量身高也是有讲究的，要遵循以下测量四部曲。

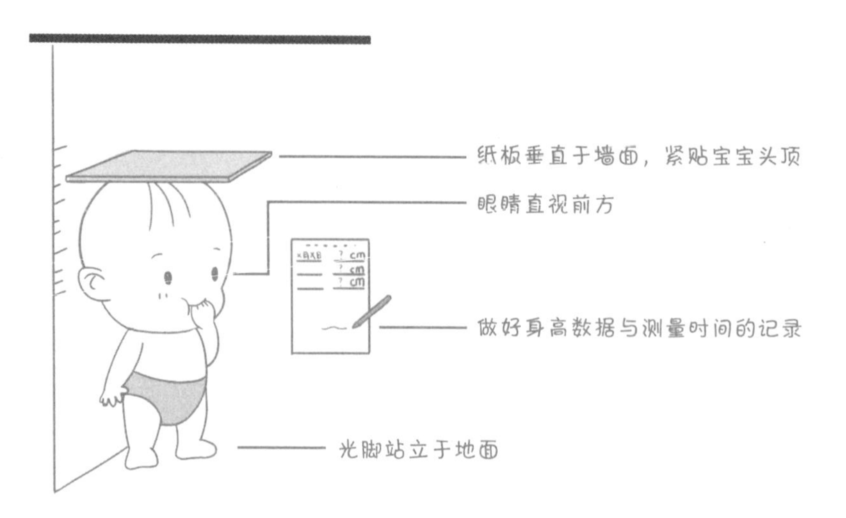

家长一定要精准测量宝宝身高，只有这样，才能帮助医生对宝宝的身高进行评估，做出更加准确的分析。当然，这个测量方法只适合能够独自站立的宝宝，对于1岁以内的婴儿，准确的身长测量需要在儿保门诊完成。

每隔3个月给宝宝记录一次身高为宜，每次的测量时间保持大致相同（都在早上测量，或都在晚上测量）。

02 根据家长身高推测宝宝身高

对宝宝身高的影响，遗传因素占70%左右，后天占30%左右。你们知道如何根据家长身高推算宝宝身高吗？根据双亲身高计算宝宝的遗传身高，称为靶身高。可以用下面公式预估一下。

靶身高预估公式：

男孩成年期身高（厘米）=（父亲身高+母亲身高）/2×1.08

女孩成年期身高（厘米）=（父亲身高×0.923+母亲身高）/2

育儿锦囊

宝妈问 我的身高是1.6米，宝宝爸爸的身高是1.6米多一点，那宝宝是不是肯定长不高了？

专家答 不要太着急，家长的身高对宝宝的最终身高影响只占70%左右，如果做好后天营养补充、适当运动等功课，宝宝也会长得不错。

03 把握好宝宝的长高黄金期

其实，除了遵循正确的长高方法，把握住长高黄金期，也是促进宝宝长高的重要秘密。那么，什么时候是宝宝的长高黄金期？

第一阶段：0～3岁

0～3岁是第一个长高黄金期。正常足月儿身长约为50厘米，在出生后前半年增长最快，前3个月每月平均增长3.5厘米，3～6个月每月平均增长2.0厘米，6～12个月每月平均增长1.0～1.5厘米。

一般到1岁时，身长共增长25厘米。1岁后虽然身高增长速度会逐渐减慢，但1～2岁仍然可以增长10～12厘米。3岁后更慢，每年增幅平均为5～7厘米。

第二阶段：9～12岁

这段时间很重要，因为它是宝宝的青春发育期，宝宝特别容易长高。家长要重视，随时监测宝宝的身高，并培养其良好的生活习惯。一旦错过，骨骺愈合了，宝宝再想长高就很难了。

04 激发宝宝长更高的秘方，学起来

我们无法改变这 70% 的遗传因素，但剩余 30% 的后天因素，还是可以努力一下的。可是，家长要怎样牢牢把握这宝贵的 30% 呢？下面就来揭秘实用的长高四大法，赶紧学起来吧。

长高四大法

（1）良好的饮食习惯

不挑食，不偏食，合理营养，均衡饮食；不必过度补充昂贵食材（如燕窝、海参等）；避免成人化饮食，不要吃过甜、过咸、过油腻的食物，以清淡为主。

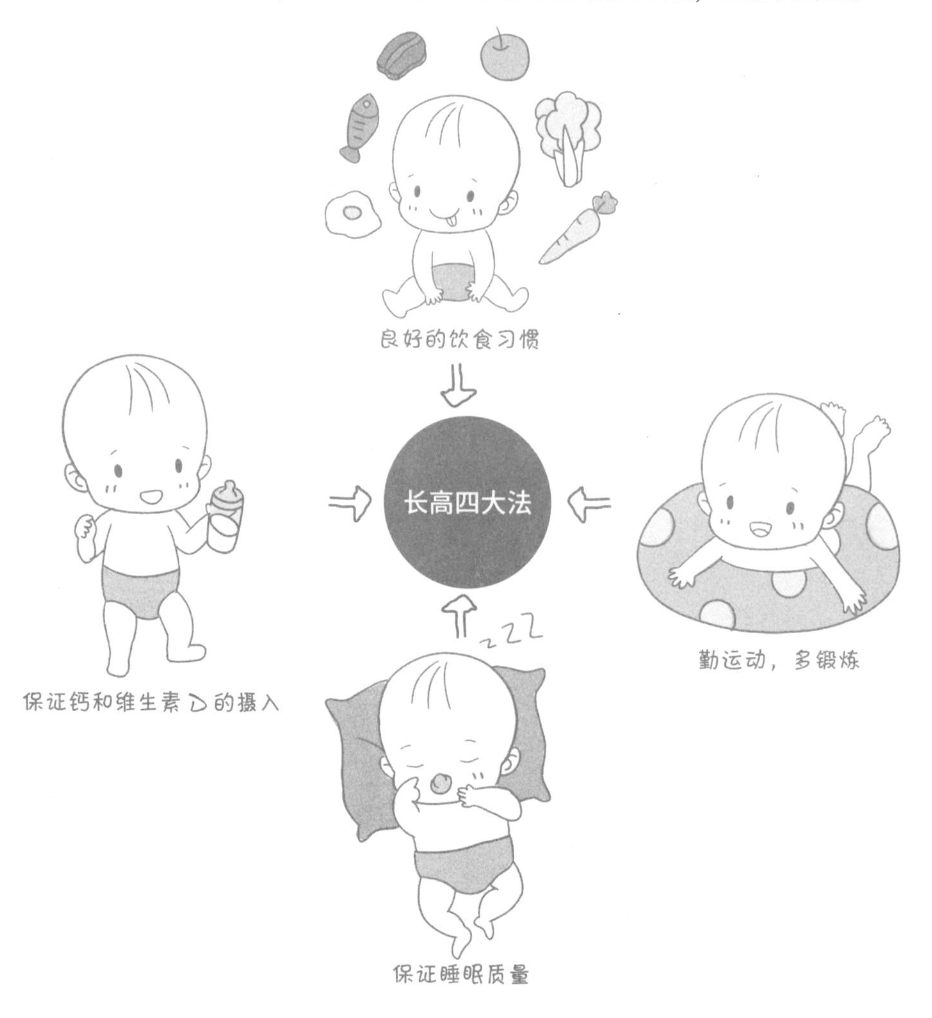

（2）勤运动，多锻炼

建议宝宝多进行跳绳、慢跑、游泳等运动，像拉伸的动作，拉长的只是关节缝隙，并不是真正的长高。一般来说，运动30～45分钟为一个单元，每周让宝宝运动5～6个单元就能起到不错的效果。

（3）保证睡眠质量

睡得好比睡得多要重要，尽量避免宝宝睡前玩平板电脑、看电视。

（4）保证钙和维生素D的摄入

通常情况下，宝宝正常饮食一般是不会缺钙的，需要注意的是维生素D的摄入，维生素D可以促进钙的吸收。如果光补钙不补充维生素D，钙吸收不进去，一切都是徒劳。维生素D可以通过晒太阳的方式补充，春夏日照充足，可多去户外晒太阳。特别小的宝宝，每天户外活动时间不足，需要额外补充维生素D。

怎样补钙更科学、有效

奶类是儿童期最主要的钙源，也是最好的钙源。豆类食品含钙量丰富且吸收较好，是除奶类食物外的又一补钙食物。根据中国营养学会发布的中国居民膳食指南，不同年龄段儿童每日所需奶量如下：

月龄/年龄	每日奶量
6月龄以内	从母乳获取
6～12月龄	600～800毫升
1～3岁	不少于600毫升
学龄前儿童	400～500毫升
学龄期儿童	300毫升

钙的主要来源有奶类、绿叶蔬菜、豆类等。其他补钙的食物来源如海产品、坚果类、芝麻等，补钙效果都不错。要让宝宝饮食均衡，各类食物都吃，这样不仅可以从食物中获得足够的钙，还能帮助宝宝养成良好的饮食习惯。

只要宝宝吃好喝好，生长情况也好，就不需要担心宝宝缺钙，更不用额外补钙。

专家育娃讲堂

在补钙的同时也要注意补充维生素 D，维生素 D 可以促进钙的吸收。

建议每日给宝宝补充 400 ～ 500 国际单位的维生素 D，可以每日保证 1 ～ 2 小时的户外活动时间，多到户外晒太阳。

在紫外线强烈的夏季，最佳晒太阳时间是上午 9 ～ 10 点、下午 3 ～ 4 点。在紫外线薄弱的冬季，最佳晒太阳时间是上午 11 点 ～ 下午 1 点。

第二章

给宝宝舒适生活，从日常细节的把关做起

自从宝宝出生后，家长的最大目标就是给宝宝提供舒适的生活，让宝宝健康快乐地成长。那么，怎样才能让宝宝真的舒适呢？一定要从日常细节的严格把关做起，让宝宝吃好、睡好、穿好。可是，不管家长怎么努力，宝宝还是会经常出现各种小毛病，比如过敏性鼻炎、缺钙、睡不好、腹泻、消瘦……让家长非常焦虑。

为了给家长排忧解难，育儿专家特地送上以下干货，教会家长如何把握好日常细节，为宝宝打造舒适生活。

防过敏、止鼻血、护鼻腔，还宝宝畅快呼吸

主讲专家

刘勇刚

中国中医科学院眼科医院耳鼻咽喉科主任医师、科主任。研究领域：鼻科疾病及鼻内镜手术，儿童耳鼻喉疾病，鼻－眼和鼻－颅底相关疾病。中国中西医结合学会耳鼻咽喉科专业委员会委员，中国医师协会耳鼻咽喉科分会青年委员，北京健康科普专家。已在专业核心期刊发表论文 39 篇，参编专业著作 3 部，获得国家专利 1 项。

现在，不少宝宝有鼻炎的问题，会经常流鼻涕、打喷嚏，到了换季的时候，这些症状特别明显。最严重的时候，宝宝会不停地打喷嚏，甚至连打数十个。其实，这些可能是过敏性鼻炎惹的祸。那么，过敏性鼻炎到底是什么呢？家长应该怎样让宝宝免受过敏性鼻炎的折磨呢？

01 怎么判断宝宝有没有患上过敏性鼻炎

一般来说，过敏性鼻炎有以下常见症状：

- 打喷嚏。频繁打喷嚏，停不下来，一打就是十几个，甚至二十几个。
- 鼻子痒。宝宝会时不时有抠鼻子、揉鼻子的动作。
- 流清涕。
- 鼻塞。宝宝鼻塞时，可以听到他呼吸不畅的呼噜声或者需要张嘴来辅助呼吸。

02 揪出过敏性鼻炎的罪魁祸首

为什么宝宝一不小心就会患上过敏性鼻炎？引发过敏性鼻炎的主要原因是什么呢？一起来揪出让宝宝患上过敏性鼻炎的罪魁祸首吧！

过敏原

过敏原是过敏性鼻炎发作的一个非常重要的条件。造成宝宝过敏性鼻炎的过敏原主要有室内和室外两方面因素。

（1）室内主要过敏原：动物毛发、真菌、螨虫

平时生活中一定要注意家里的清洁卫生，尽量避免养宠物，定期用消毒水对家中进行消杀，每天通风换气，勤晒被褥，从而减少真菌、螨虫的滋生。

（2）室外过敏原元凶：花粉

每天 10：00 ～ 14：00 花粉浓度最高，尽量避免这段时间外出。如外出，建议佩戴口罩、眼镜等，出行工具选择自驾车、地铁、公交等，从而减少宝宝接触过敏原的机会。

过敏体质

过敏体质的宝宝，遇到过敏原，一定会产生鼻部不适的症状。有的症状比较严重，有的比较轻微，有的甚至没有表现出来，但是鼻腔有炎症，一般都提示有过敏性鼻炎。

常见过敏原

03 过敏性鼻炎对宝宝的危害有多大

过敏性鼻炎仅仅就是打喷嚏、流鼻涕吗？家长担心的是，如果宝宝患上过敏性鼻炎，会引起更严重的后果。的确，看似不起眼的过敏性鼻炎，却会严重影响宝宝的身体健康。

引发并发症

鼻连着耳朵、鼻窦和下呼吸道，所以过敏性鼻炎可能会引发中耳炎、鼻窦炎、过敏性哮喘。

影响宝宝生长发育

宝宝患上过敏性鼻炎，会影响睡眠质量，从而影响生长发育。鼻子不通气时，宝宝晚上睡觉会张嘴呼吸。如果宝宝出现呼吸不均匀，忽快忽慢，甚至睡觉时来回翻滚，改变体位，说明可能缺氧，容易出现睡眠呼吸暂停综合征。

影响宝宝的相貌

患上过敏性鼻炎的宝宝习惯用嘴呼吸，久而久之会造成一种奇怪的面相，如硬腭抬高、上颚骨变长、前牙向前龇。

04 及时解决过敏性鼻炎，宝宝才能少受罪

了解了过敏性鼻炎的严重后果，家长应该知道治疗过敏性鼻炎刻不容缓。不过，需要提醒家长的是，过敏性鼻炎是不能根治的，但是有一些方法能够缓解过敏性鼻炎带来的不适。

海盐水

对有鼻腔问题的宝宝来说，海盐水是一个非常好的选择，属于辅助治疗方法之一。不同年龄的宝宝选择海盐水的方法有一定区别。

●3 岁以下的宝宝，鼻腔黏膜娇嫩，不能很好地配合，建议使用喷雾式海盐水。

●3 岁以上的宝宝，除了喷雾式海盐水，还可以使用冲洗式海盐水。对于还不会吞咽的宝宝，可以用海盐水喷湿宝宝专用棉签，再轻柔地湿润其鼻腔。

避免宝宝接触过敏原

妈妈一定要保持家里的清洁，帮助宝宝避开过敏原。外出时，也要给宝宝做好防护措施，如戴口罩等。

必要时采用药物治疗

比如使用鼻喷激素。家长不必听到“激素”两字就担心不已，鼻喷激素的含量少之又少，不会对宝宝的生长发育造成影响。

使用海盐水

做好清洁

使用药物治疗

专家提醒

2 岁以内的宝宝流鼻血要警惕，如果反复流鼻血，要尽快去医院检查。

育儿锦囊

宝妈问　当宝宝流鼻血时，怎么止血更有效？

专家答　（1）家长保持冷静

宝宝流鼻血时，如果家长惊慌失措，宝宝内心会更加恐惧，血压增加，流鼻血的现象会更加严重，引起恶性循环。

（2）身体前倾

千万不要后仰，也不要躺着。这个方法是完全错误的，后仰会造成血液倒流到胃中，不仅不能止血，还会刺激宝宝的胃部。

（3）不要用棉花团堵住流血的鼻孔

不建议用纸巾或棉花团堵住流血鼻孔，因其容易被血水浸泡，不易取出。

（4）用手捏鼻子

用手捏住鼻子 10 分钟，加压止血。

（5）止血措施无效，及时就医

如果 10 分钟后，鼻血仍不止，请立刻到医院检查治疗。

专家育娃讲堂

宝宝喜欢抠鼻子的一个重要原因是鼻屎太多，家长应该怎么清洁鼻屎才不会伤害到宝宝娇弱的鼻腔黏膜？

首先应该湿润鼻腔，然后将宝宝专用棉签浸湿，轻轻放入宝宝鼻腔内，取出鼻屎。很多家长可能掌握不好力度，没办法顺利地帮助宝宝将鼻屎弄出，怕弄伤宝宝鼻腔。

在这种情况下，可以借助电动吸鼻器和口吸式吸鼻器来清理鼻屎，操作也很简便，例如电动吸鼻器，家长只需将吸鼻器的硅胶软头部放入宝宝的鼻腔内，打开按钮，观察储蓄槽的情况，稍稍放置片刻后取出即可。

家长学会这样做，宝宝睡出漂亮头形

主讲专家

杨 明

医学博士，北京和睦家医院儿科主任。首都医科大学儿科急救和危重症临床医学博士，曾在北京儿童医院急诊和重症监护中心工作十余年。美国心脏协会（AHA）认证儿童基础生命支持（BLS）和高级生命支持（ACLS）教员。《中国小儿急救医学》杂志编委，中国医药教育学会儿科专业委员会常委。在儿童健康保健、复杂新生儿疾病和危重症治疗及呼吸系统疾病治疗方面有丰富的临床经验。

宝宝一出生，便是爸爸妈妈的心头肉。家长的一颗心全系在宝宝身上，看着宝宝一天天长大，真是越看越爱。可是，看着看着，怎么发现宝宝的脑袋成了小扁头、侧偏头。到底是怎么回事？宝宝的头形是否会影响他的生长发育呢？怎样才能让宝宝睡出好头形呢？

01 完美头形主要有两大特点

老一辈的奶奶、外婆都说，宝宝睡觉时，在他的头下枕一本厚书可以睡出好头形。老人的传统观念是宝宝头扁会显得脸大，这样看起来比较有福气。然而，科学证明，把宝宝后脑勺“睡平”，其实会造成宝宝头部发育畸形，医学上称这种畸形为“扁头综合征”。

既然“睡平头”是错误的，家长开始疑惑，到底什么样的头形才算完美？专家说，完美的头形包括以下两大特点：

- 头形左右对称、前后圆润。
- 头形接近自然生长状态。

02 什么样的头形属于异常

知道了完美头形的标准，家长还想知道哪些头形属于偏头。下面这张图会告诉你们答案。

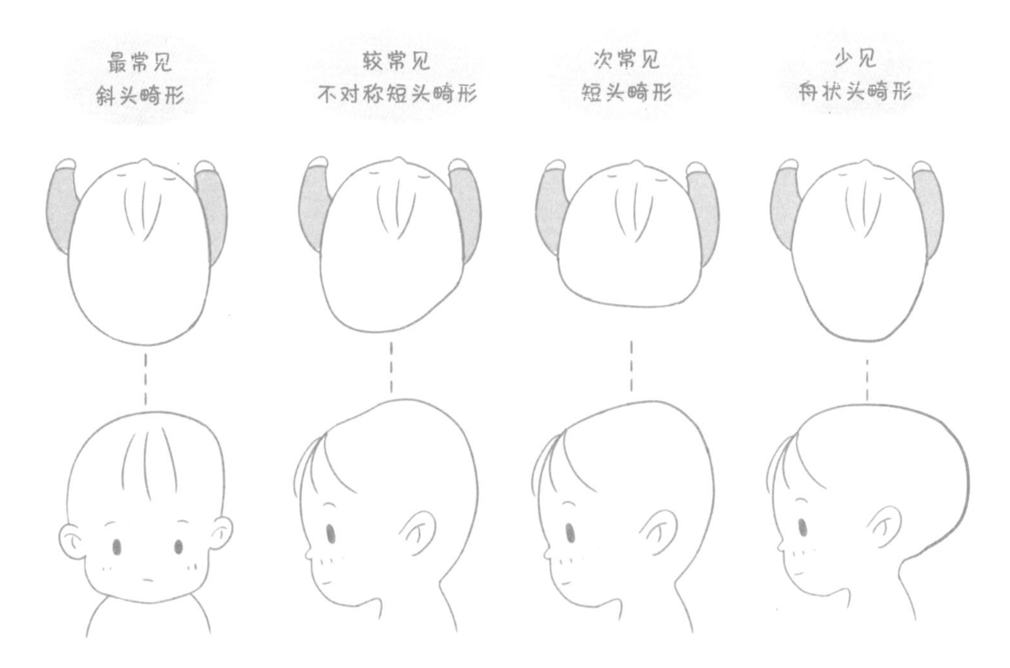

其中最常见的是斜头，其次是不对称短头，较为常见的是短头，舟状头是比较少见的。

03 宝宝偏头不只影响外观，危害也很大

如果宝宝偏头现象比较明显，不只是影响外观那么简单，危害也是很大的。

（1）可能带来头颅变形

会损伤正常脑容腔结构，影响脑容量发育，并使脑附件产生错位。严重的畸形会使宝宝脑容量不足，影响智力正常发育，造成学习能力和智力发育延迟。

（2）引起脸部和颅骨问题

会进一步造成眼睛、耳朵的连线逐渐不在一条直线上，影响视力、听力功能的

发挥，还会对牙齿发育造成影响。

（3）影响头形美观

导致脸形看起来不对称，甚至不利于眼睛和耳朵的对称发育，影响整体颜值。

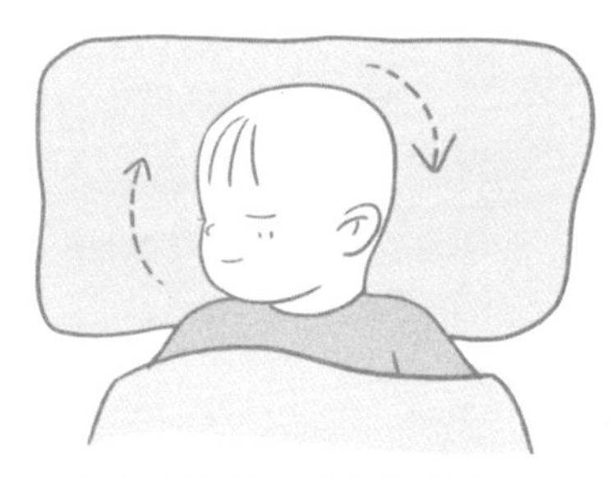

宝宝睡着后，家长经常给他调整头部朝向

宝宝清醒时多趴着玩耍，避免头部受压时间过长

还不能自如翻身的宝宝睡觉时，以仰卧姿势放床上

这样做，给宝宝睡出好头形

04 如果宝宝严重偏头，怎么办

有的宝宝偏头实在太严重了，基本可以判定为中度、重度偏头。家长要怎样做，才能让宝宝重新拥有一个漂亮的头形？

对于中度、重度偏头的宝宝，可以让其佩戴定制的矫正头盔。

矫正头盔佩戴时间

3～6个月。一般经过3～6个月的佩戴时间，宝宝头形会得到明显矫正。

戴矫正头盔的适合年龄

3～18月龄的宝宝。不过，月龄越大，矫正效果越有限。头形矫正最重要的秘诀是减少头部同一区域长时间压迫，家长最好在宝宝6月龄之前通过睡姿调整给宝宝睡出好头形。无法改善甚至加重者，可以考虑使用矫正头盔。

育儿锦囊

宝妈问 我家宝宝出生49天了，头有点偏。请问有没有什么好方法可以让宝宝拥有一个好头形？

专家答 不用太担心，只要按照以上科学的方法去调整，就可以让宝宝睡出完美头形。

05 什么时候可以给宝宝选择一个枕头

1岁以内的宝宝不要用枕头，这是因为这个时期的宝宝的枕部比较突出，过早使用枕头容易造成气道不通畅，出现窒息意外。

建议1岁以后再给宝宝用枕头。这是宝宝人生中的第一个枕头，在给他选择枕头时，爸爸妈妈一定要谨慎小心。

不建议给宝宝选用荞麦壳、决明子等植物填充的枕头

这是因为此类枕头缺少弹性、容易发霉，而宝宝睡觉时容易出汗，有时还会流口水、吐奶等，这些会造成枕芯被浸湿，使枕芯填充物发霉，有可能导致宝宝出现皮肤过敏或呼吸道过敏。

建议给宝宝选用乳胶枕

这是因为乳胶枕在支撑力和舒适性方面比较适合宝宝，而且低敏，不容易诱发过敏反应。同时，乳胶枕具备很好的透气性，宝宝出汗后也不容易捂出痱子。

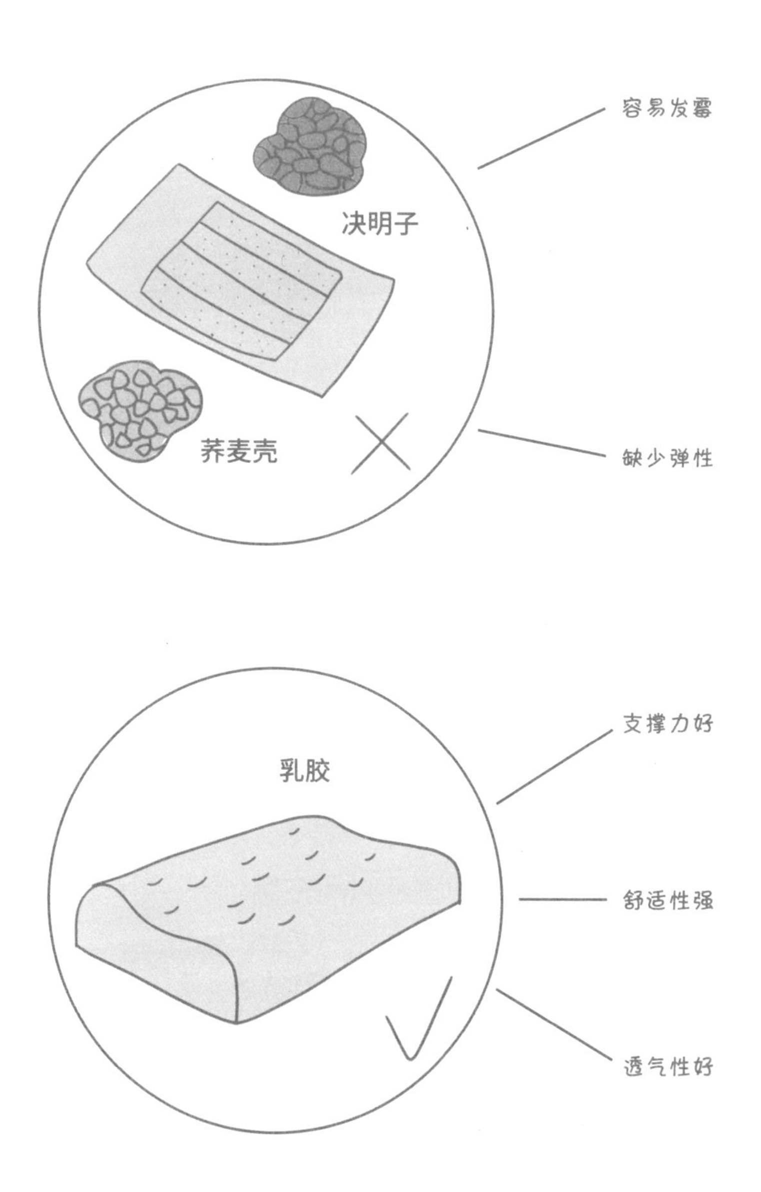

没有不会睡的宝宝，只有不上手的父母

王 荣

《婴幼儿睡眠的秘密：4 步养出甜睡宝贝》作者。美国 Family Sleep Institute （FSI）婴儿睡眠咨询师，IACSC 国际婴幼儿睡眠师协会中国区首位会员，FSI 亚太区招生辅导总监。2015 年以来，一直致力于婴幼儿睡眠的科普和咨询，公众号“可可妈王荣”。

睡眠不仅能促进宝宝的生长发育，还能及时给大脑“充电”，提高大脑注意力，使宝宝身体放松、精神愉悦。如果能让宝宝在大脑快速发育期拥有充足的好睡眠，宝宝以后就更容易集中注意力，脾气也会更温和。显而易见，好睡眠实在太重要了。要想宝宝健康又聪明，必须在他的睡眠上下功夫。

01 你家宝宝睡得好吗

到底什么才是好睡眠？睡的时间长就代表睡得好吗？睡得沉就说明睡得好吗？你说了不算，符合这 3 条标准才算好。

好睡眠标准 1：白天和夜晚的睡眠时间充足

月龄 / 年龄	总睡眠时长（小时）	夜晚睡眠时长（小时）	白天睡眠时长（小时）	白天小觉次数（次）
0 ~ 1 月龄	16 ~ 18	8 ~ 9	7 ~ 9	不定
1 ~ 3 月龄	15 ~ 16	9 ~ 10	5 ~ 7	不定
3 ~ 4 月龄	15	10 ~ 12	3 ~ 5	3 ~ 4

（续上表）

月龄/年龄	总睡眠时长（小时）	夜晚睡眠时长（小时）	白天睡眠时长（小时）	白天小觉次数（次）
4～6月龄	14～15	10～12	2～4	3
6～9月龄	13～15	10～12	2～3	2～3
9～12月龄	12～14	10～12	2～3	2
1～1.5岁	12～14	11～12	2～3	1～2
1.5～2岁	13	10～12	1.5～2	1
2～3岁	12～13	10～11	1.5～2	1
3～4岁	11～12	10～11	1	0～1
4～5岁	10～11	10～11	0	0

由于每个宝宝的体质不同，睡眠量也是有个体差异的，但一般说来，差异不会很大。同时，家长要特别留心宝宝白天的精神状态。如果宝宝白天经常打哈欠、揉眼睛，精神状态欠佳，甚至乱发脾气、爱哭闹，说明宝宝的睡眠量是不够的。

好睡眠标准2：夜间持续睡眠时间充足

夜醒/夜奶次数参考表			
月龄	0～4月龄	4～6月龄	6～12月龄
夜醒/夜奶次数	1～3次	0～2次	0～1次

不同月龄的宝宝，夜奶或是夜醒次数是不同的，如果宝宝夜醒次数在这个标准，表示宝宝的睡眠质量较好。

专家提醒

值得注意的是，宝宝夜间都会醒来，不同的是，自己翻身睡过去其实不叫夜醒。彻底醒过来且长时间无法再入睡，或者醒来多次且每次都需要通过大人的帮助才能再入睡，才是真正的夜醒。

好睡眠标准 3：睡眠有规律

刚出生的宝宝还未形成睡眠昼夜节律，睡眠缺乏规律。随着宝宝越来越大，将会由刚出生时一整天无规律的小睡状态，逐渐变为“晚上主要睡觉，白天有几次规律小睡”的状态，而且晚上连续睡眠的能力也越来越强。如果宝宝有规律的睡眠习惯，说明他的睡眠质量较好。

02 如果宝宝睡得不好，怎么办

和上面的好睡眠标准进行比较时，发现自家宝宝的睡眠还没达标，更算不上好睡眠，怎么办？别着急，运用以下四大“黄金睡眠法则”，可以让“睡眠熊宝宝”变“好眠小天使”。家长赶紧学起来吧。

黄金睡眠法则 1：外出和运动

想要宝宝拥有好的睡眠，建议每天带宝宝到公园或小区绿地进行不少于 2 小时的户外活动。阳光的照射能促进宝宝夜间褪黑激素的分泌，褪黑激素是一种可以调节昼夜节律的激素，利于睡眠。

同时，白天充足的阳光和运动能使宝宝充分释放能量，到晚上，没有阳光照射的时候，褪黑激素开始分泌，可以使宝宝更迅速地进入睡眠状态。

每天带宝宝外出活动

黄金睡眠法则 2：建立睡眠程序

当宝宝还听不懂爸爸妈妈在说什么时，家长可以通过建立良好的睡眠程序，告诉宝宝要睡觉了，从而帮助他培养良好的睡眠习惯。

专家提醒

睡眠程序每天要保持一致性，做什么要一致，做的顺序要一致。睡眠程序可以包括：洗澡，按摩，吃奶，换睡衣。对于大一点的宝宝，还可以给他讲讲睡前故事。睡眠程序所做的事情都是让宝宝平静下来。只有平静下来，宝宝才能安然入睡。

同时，家长也要充分享受和宝宝在一起的这段睡前时光，这是一天中最好的亲子时光。不要让自己的坏情绪和焦虑破坏了这段美好时光。让宝宝充分感受来自家长的爱，才能彻底放松，从而安心入睡。

黄金睡眠法则 3：避免 3 个“过度”

（1）避免过度刺激宝宝

宝宝神经还在发育中，屏蔽外界刺激的能力比较差，当家长睡前或者白天给宝宝刺激过大时，会导致他入睡困难，并频繁醒来。所以家长要避免带宝宝去诸如演唱会、结婚典礼等较容易刺激宝宝的地方。同时，睡前 1 小时，一定不要给宝宝玩手机、看电视节目等，因为这些也会让宝宝神经过度兴奋，影响睡眠。

（2）避免让宝宝过度疲劳

很多时候，家长说让宝宝多玩一会儿，累一点，会比较好入睡。其实不然，如果在宝宝发出睡眠信号时，无法及时让他入睡的话，会造成他过度疲劳，反而影响入睡。

（3）避免过度干扰宝宝的睡眠

宝宝睡觉是非常“不老实”的，有的宝宝会翻滚，会小哭两声，有的甚至会坐起来看一下。如果家长不了解这个情况，而是看到宝宝有一点动静就去拍拍、喂奶、抱着哄，反而会弄醒宝宝。

避免过度刺激宝宝

避免让宝宝过度疲劳

避免过度干扰宝宝的睡眠

黄金睡眠法则 4：营造睡眠环境

（1）光线

3 月龄以内的宝宝：白天窗帘不要拉得太严实，让宝宝能够感受到昼夜的区别，避免昼夜颠倒。

3 月龄以上的宝宝：尽量将睡眠时的光线调暗一些，即使白天小睡也可以把遮光窗帘拉上，有助于提升宝宝的睡眠时长和质量。

宝宝小睡时可以把窗帘拉上遮光

（2）温度

为了不让宝宝夜里着凉，家长都会在宝宝睡觉时给他盖得严严实实。殊不知，这是宝宝睡不好的一个重要原因。因为穿太多、盖太多，导致宝宝体温过高，不舒适，自然睡不好。

舒适的温度利于宝宝睡眠

专家育娃讲堂

下面推荐 3 款家长不可不知的睡眠好物，可以给“睡渣宝宝”用起来。

睡眠好物 1：襁褓

它适用于 4 月龄以内的宝宝。宝宝睡着时常有惊跳反射，很容易把自己弄醒，包上襁褓可以很好地避免惊跳反射影响宝宝的睡眠。

睡眠好物 2：白噪声

白噪声是相对均匀的声音。白噪声的用法有两种：一是可以在宝宝白天小睡时全程开启；二是 3 月龄以内的宝宝入睡困难时，白噪声可以帮助他顺利入睡。白噪声的开启时间最多不能超过 8 小时 / 天，声音保持在 50 分贝以下。

睡眠好物 3：安抚巾和安抚玩具

安抚物在心理学上称为“过渡性客体”，它是宝宝从与妈妈合体的状态，向与妈妈分离状态的过渡性物品。如果宝宝有这样的安抚物给他带来温暖和安全感，比较容易过渡到与妈妈分离的睡眠状态，内心安定许多。

专家提醒

在安抚巾或是安抚玩具的选择上，家长要选择质地柔软、不容易掉毛的产品，同时建议在宝宝 4 月龄左右，待他可以抓握玩具后再引入。

随着宝宝年龄的增长，他们会从使用过渡性客体，比如安抚物，慢慢过渡到有能力玩游戏。使用安抚物其实是玩游戏的“早期版本”，随着宝宝年龄增长，这类游戏物会被其他游戏取代。

安抚玩具

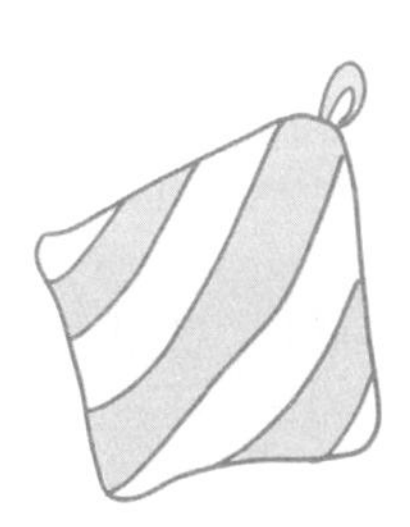

安抚巾

及早干预视力发育，别等宝宝近视才后悔

主讲专家

张　丰

北京美和眼科诊所院长、宝宝眼医生集团联合创始人、中国妇幼保健协会儿童眼保健专委会常务副主任委员，从事眼科工作20余年，北京同仁医院硕士研究生毕业，河北省“三三三人才工程”培养对象。擅长儿童眼整形手术。

现在许多宝宝很小就开始戴上眼镜，甚至3岁的宝宝已经近视达900度！这种现象是非常可怕的。为什么近视越来越低龄化？这到底是什么原因造成的？宝宝的眼睛伤不起呀，家长平时该如何保护宝宝的眼睛呢？

眼睛是人体的重要器官，当身体发育的时候，宝宝的眼睛也在遵循特殊的规律发育。家长要想保护好宝宝的眼睛，先要了解宝宝的视力发育全过程。

01 一张图看懂宝宝视力发育全过程

在做入园视力检查的时候，有的家长发现自家宝宝的视力只有0.5或0.6，这可急坏了家长：宝宝的视力不应该像我们成年人一样，都是1.0吗？难道宝宝这么小就得了近视？

其实，宝宝的视力并不是生下来就是1.0。宝宝出生后到3岁期间，是视力发育最重要的阶段，到了6岁，视力才逐步上升到1.0。宝宝视力发育超前或滞后都会影响以后的视力，家长可以参照下面这张图表，看看自家宝宝的视力发育情况。

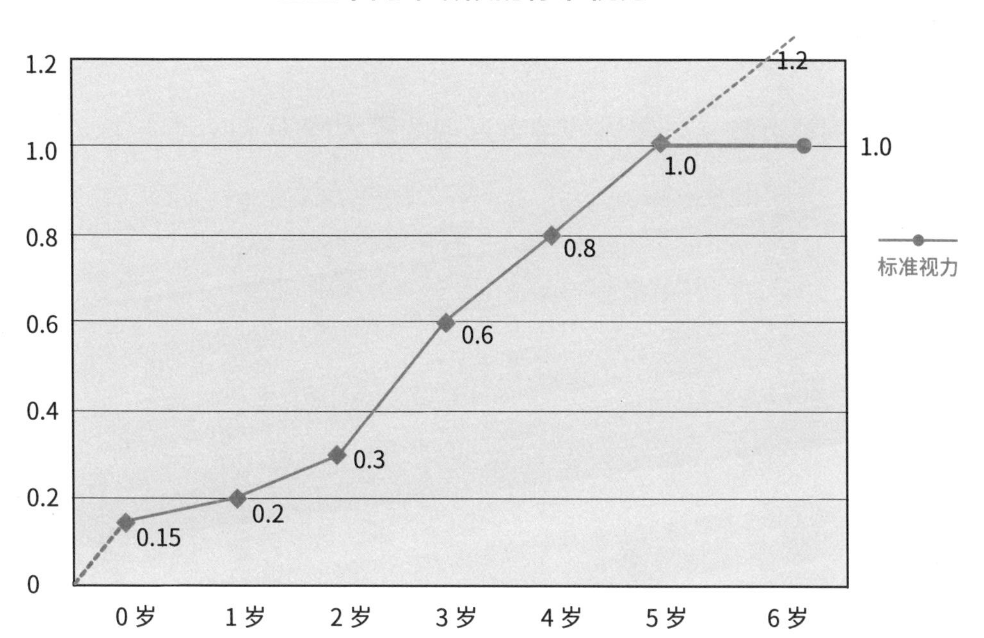

由此可见，宝宝的视力是随着年龄增长不断变化的。要想知道宝宝到底有没有近视，定期给宝宝做视力筛查是非常重要的。家长千万不要以为近视是宝宝上学学习后才会得，如果宝宝长时间近距离用眼，不注意用眼卫生，近视就会找上门来。

专家提醒

如果宝宝从小不注意用眼卫生，长大后患近视的概率会大大增加。所以，宝宝每年都应该进行眼睛的常规检查，如果发现宝宝有视力问题，可及早干预。

02 电子产品是导致近视的“罪魁祸首”吗

现在，科技越来越发达，人们的生活水平越来越高。宝宝吃的、用的都比以前好了许多。可是，为什么宝宝的近视率越来越高？是不是经常使用电子产品惹的祸呢？如今，电子产品成了许多家长的“哄娃神器”。那么，这些电子产品到底安不安全？对宝宝的视力有没有影响？

长时间看近物，才是导致宝宝近视的最大原因

其实，即便不让宝宝看电子产品，长时间近距离看书，也一样会得近视。不过，这并不代表宝宝可以肆无忌惮地使用电子产品了。

家长要合理安排宝宝看电子产品的时间，还要遵循以下“四大护眼原则”：

2岁以下宝宝尽量不接触电子产品

适时望远，放松眼部

眼睛距离电视屏幕2.5～4米为宜

最好让宝宝正坐着或站着看东西

03 近视也会遗传吗

许多疾病都有遗传性，那么，近视也会遗传吗？如果家长都有高度近视，宝宝是不是难逃高度近视的厄运？科学证明，近视确实是会遗传的，但也分情况，并不是所有的近视都有遗传性，需要明确以下几点。

遗传也要分情况

近视分单纯近视和高度近视，高度近视又分生理性近视和病理性近视。

单纯近视指 600 度以下的近视，没有遗传性；高度近视指 600 度以上的近视，其中病理性近视带有遗传因素，具有遗传性。病理性近视的度数越高，遗传的概率越高。

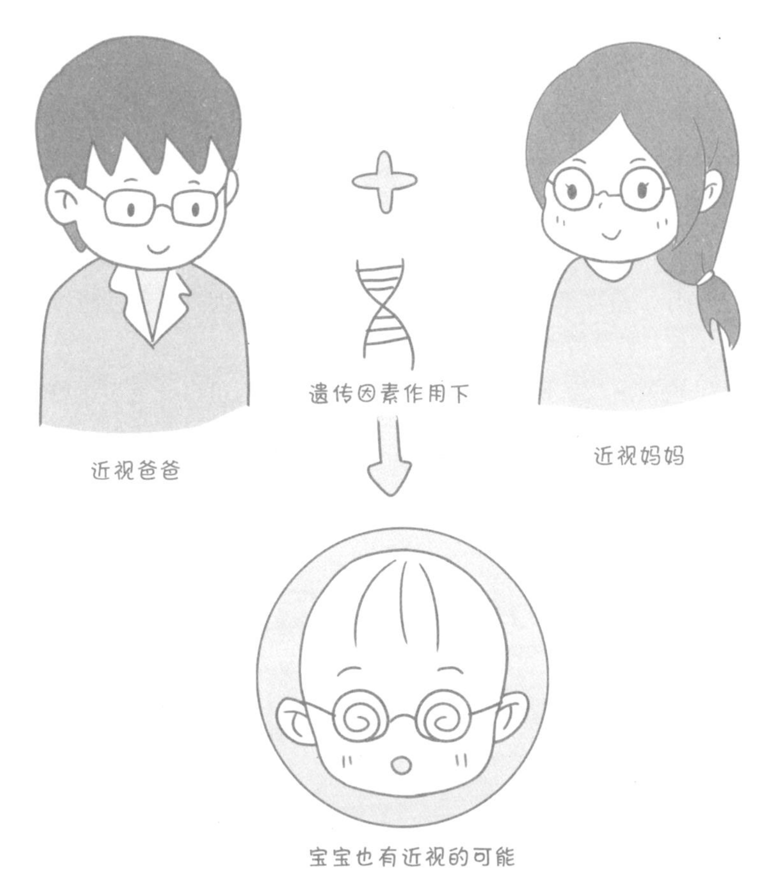

近视遗传的概率

如果家长都是近视眼，宝宝近视的概率如下
如家长双方均为高度近视，其子女高度近视的发生率在 98% 以上
如家长一方为高度近视，另一方正常，其子女高度近视的发生率为 10% ~ 15%
如家长一方为高度近视，另一方为近视基因携带者，其子女高度近视的发生率约为 50%
如家长双方均为近视基因携带者，但视力正常，其子女高度近视的发生率约为 25%

育儿锦囊

宝妈问 宝宝得了近视，度数会不会只增不减？

专家答 近视一旦形成，是不可逆的。除去遗传因素，其实近视的形成和平时的生活习惯有很大关系。近视的度数并不一定会一直上升，如果早发现、早干预、早控制，有很多宝宝的近视度数能保持在一个相对稳定的范围。

也就是说，通过科学的防控手段，我们可以让宝宝近视的增长速度变缓、增长幅度变小。

04 如何有效预防或者缓解宝宝近视

得了近视的宝宝应该怎么办？是不是没办法恢复正常视力了？

家长不要过于焦虑，只要及早干预，注意用眼卫生，通过有效治疗，是可以阻止或减缓近视度数增加的。如果宝宝没有近视，家长也要未雨绸缪，防患于未然。以下小妙招对预防或者缓解近视都是非常有效的。

预防或缓解近视的小妙招

增加户外活动时间

（1）增加户外活动的时间

家长有时间要多带宝宝参加户外活动，感受大自然，参加球类运动，多训练并强化肢体系统，让宝宝在快速追随球体间锻炼眼睛的灵活性。

注意营造良好的用眼环境

（2）注意营造良好的用眼环境

适当而充足的光线对于保护宝宝视力很有帮助，不要让宝宝在过亮或过暗的光线下读写。电视机放在背光的地方，不要让宝宝长时间盯着电视机，注意电视画面不要太小且要清晰、稳定；让宝宝少玩游戏机，同时需要注意眼睛与游戏机之间的距离不要过近。

（3）遵医嘱用药

已经近视的孩子，可用低浓度阿托品控制近视的发展进度，但一定要先到正规的眼科中心检查，再遵医嘱用药。

遵医嘱用药

使用角膜塑形镜

（4）使用角膜塑形镜

8 岁以上的近视小朋友可在夜间使用角膜塑形镜来延缓近视发展的速度。

专家育娃讲堂

如果你家宝宝没有条件长时间远望，如果你家宝宝近期减少了户外活动，如果你家宝宝用眼过度，如果你家宝宝喜欢看电子产品和图书，请家长一定要带着宝宝一起做眼球晶体操。

眼球晶体操通过交替看近、看远，使晶状体充分伸展，以达到缓解或消除睫状肌紧张、减少眼睛疲劳的目的。

先向 5 米以外的目标物远眺半分钟，使眼肌松弛、晶状体变平；再向 30 厘米处的目标物近看半分钟，使眼肌紧张、晶状体增厚。看远、看近交替进行，每次 10 ～ 15 分钟，每日 3 ～ 4 次。

这样就能使晶状体得到充分伸展，眼睛疲劳得到缓解，从而达到活跃和恢复眼睛生理调节功能，改善视力的目的。

专家提醒

需要注意的是，远望时应避免阳光直射，以看绿树、绿草为最佳。

护齿工作要到位，给宝宝一口洁白好牙

主讲专家

姜 静

北京和睦家医院口腔科副主任医师、资深儿童口腔医生，医学硕士、口腔科学士。中华口腔医学会、北京儿童牙科学会会员，首届北京牙体牙髓专委会委员。具有20多年儿童口腔临床工作经验，擅长对各种儿童口腔黏膜疾病、牙体牙髓病及儿童口腔急诊病的诊断、治疗及预防。

让宝宝拥有一口健康洁白的牙齿，是每位家长的心愿。当宝宝长出第一颗牙时，妈妈激动的心情就像中了大奖一样。然而，随着宝宝乳牙的萌出，牙齿问题也悄然而至。

不健康的乳牙会影响宝宝未来恒牙的健康，严重的还会影响宝宝的发音和外貌，甚至造成宝宝心理问题。所以，宝宝的一口好牙要从乳牙抓起。要想做好宝宝的护齿工作，家长要学习的知识还真不少。

01 宝宝乳牙的发育规律要知道

护好宝宝的牙齿，首先要了解乳牙的生长规律。宝宝的乳牙一共20颗，换牙后的恒牙有28～32颗。

从宝宝的第一颗牙开始说起

- 第一颗乳牙平均6月龄长出，最晚1岁长出就算正常。
- 最后一颗乳牙平均2.5岁长出，最晚3岁长出就算正常。
- 平均6岁开始换恒牙，一般12～13岁替换完成。

宝宝出牙有规律可循

- 有一定的时间。
- 按一定的顺序。
- 左右对称萌出。
- 下颌牙早于上颌同名牙萌出。

02 宝宝有虫牙，这是怎么回事

乳牙萌出，妈妈光顾着高兴，却忽视了悄然而至的虫牙。虫牙的来临，让宝宝苦不堪言，也让妈妈急在心头。

虫牙，医学上称为龋齿，它的发展规律如下：

早期龋齿（颜色变化）→质地缺损→不可逆地进行性变化

（1）早期龋齿

宝宝牙齿颜色变为黄白色，通过认真刷牙和使用含氟牙膏可以改善，甚至治愈。

（2）晚期龋齿

宝宝牙齿产生黑黑的龋洞，刷牙不再有用。

龋齿是如何产生的

现在公认的龋齿病因的四联因素是：细菌、饮食、宿主、时间。形成过程如下：

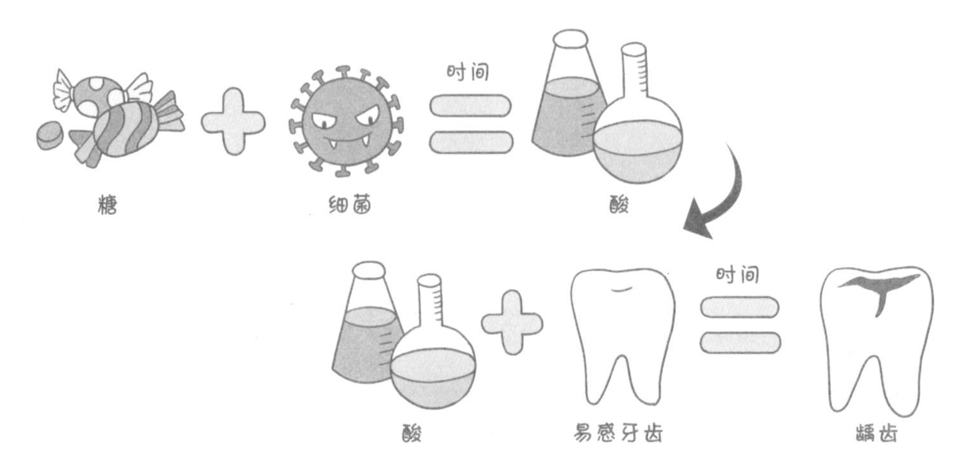

口腔里的细菌通过吃进去的糖分产生酸，酸作用在易感牙齿上，经过一定时间的发酵，在牙齿上形成黑黑的龋洞。

需要提醒的是，所谓的糖可不仅限于糖块，它包含所有含糖分的食物，如水果、牛奶、酸奶等。

03 怎样判断宝宝是否长了龋齿

龋齿真讨厌，苦了宝宝，急坏家长。那么，有没有方法让家长自己判断宝宝是否长了龋齿？

专家育娃讲堂

为了宝宝的牙齿健康，家长除了在家要多留心观察，还要经常带宝宝去看牙医。儿童牙医可以发现早期的蛀牙，给家长提供更多关于儿童口腔和面部发育的信息，从而帮助确认宝宝是否需要更进一步的口腔保健及预防处理。

家长应该在宝宝第一颗牙齿萌出时就带他看牙医，之后每半年到1年都要带宝宝做口腔检查，不要等到过了1岁才去检查。

04 科学预防龋齿，针对病因下功夫

以前一直忽视宝宝牙齿健康的家长，学习有关宝宝龋齿的知识后，最应该关注的一个问题还是如何预防。龋齿的预防主要是在它的源头上下功夫，针对病因做预防。那么，到底要如何做呢？

（1）减少糖的摄入

即减少糖的摄入量和频率。宝宝要减少吃含糖食物的次数，从而减少糖在口腔中停留的时间。

（2）1 岁后停用奶瓶，改用杯子喝奶

建议宝宝从 12 ～ 14 月龄开始逐渐用杯子喝奶。长时间错误使用奶瓶是造成龋齿的重要原因，特别是睡觉时使用奶瓶，使乳汁残留在口腔内，诱发龋齿，产生所谓的“奶瓶龋”。

（3）减少喂夜奶，或戒掉夜奶

随着宝宝月龄的增大，应逐渐减少喂夜奶的频率，直至满 9 月龄后戒掉夜奶；不少宝宝都有吃夜奶的习惯，夜间口中糖分残留是牙齿的最大杀手。

（4）清洁口腔，消除细菌

在还没有长牙的时候，就应开始为宝宝清洁口腔，为宝宝进行有效刷牙或使用牙线。

育儿锦囊

宝妈问 我家宝宝特别喜欢吃糖，而且吃肉的时候经常塞牙，是不是因为长了龋齿？

专家答 喜欢吃糖的宝宝长龋齿的概率比较高，如果宝宝很小的时候容易吃东西塞牙，家长就要提高警惕。另外，家长要学习怎样在家检测宝宝是否长了龋齿。

05 宝宝刷牙学问大

根据年龄选对牙刷和牙膏

出生后到乳牙萌出前	用口腔清洁棉或纱布蘸清水，每天给宝宝清洁口腔，每天2次
第一颗乳牙萌出 ~ 3 岁	应选用和年龄相配的小头、软毛牙刷，以及米粒大小的含氟牙膏
3 ~ 6 岁	应选用和年龄相配的小头、软毛牙刷，以及豌豆大小的含氟牙膏
6 岁以上	可使用儿童含氟牙膏或成人牙膏，用量也可适当增加

如何教宝宝正确刷牙

给宝宝刷牙要用“打圈法”，学会以下“儿童正确刷牙五步走”，你会发现给宝宝刷牙很简单。

第一步，牙齿外侧：45 度角朝向牙龈，用转圈的方法，施加一定压力，每颗牙刷 5 ～ 6 下。

第二步，后牙牙齿内侧：45 度角朝向牙龈，用转圈的方法，施加一定压力，每颗牙刷 5 ～ 6 下。

第三步，前牙牙齿内侧：上下刷，施加一定压力，每颗牙刷 5 ～ 6 下。

第四步，牙齿咬合面：前后刷，施加一定压力，每颗牙刷 5 ～ 6 下。

第五步，舌头：不要忘记刷刷舌头，舌头上也有很多细菌。

专家提醒

宝宝跟大人一样，每天应刷 2 次牙，而且晚上刷完牙，就别再吃东西了。整个刷牙过程要持续 2 ～ 3 分钟。

牙膏使用量：3 岁以下用米粒大小的牙膏，3 ～ 6 岁以上用豌豆粒大小的牙膏。

专家育娃讲堂

家长要帮宝宝刷牙到什么时候？

一般来说，家长可以自行判断时间，判断标准是宝宝自己完全有能力把牙刷干净，这时才可以放手让宝宝自己刷牙。其实由家长一直帮助、监督、指导宝宝刷牙到 6 岁上小学以后，宝宝才真的有可能自己有效地刷好牙齿。

给宝宝选对零食，享受滋味又健康

主讲专家

王 斌

国家二级公共营养师，国家高级营养讲师，中国营养学会会员，首都保健营养美食学会理事，中国儿童少年基金会“全国儿童食品安全守护行动”专家委员会委员。擅长将医学与现代营养知识相结合，专注于儿童营养健康领域，对备孕、怀孕、出生、学龄前到12岁宝宝的营养健康有深入研究和独到见解。致力于公益的育儿科普，相关文章累计数十万字，开展近百场健康讲座。

如今，五花八门的零食越来越多。每次一逛超市，看着琳琅满目的零食，家长真想什么都给宝宝试一点，以满足宝宝那张小馋嘴。可是，现在各种儿童疾病越来越多，都说“病从口入”，这些疾病和吃零食有没有关系呢？宝宝能不能吃零食？宝宝零食该怎么选？给宝宝选零食时，最主要看什么？

01 明确零食到底是什么

首先，我们要明确一下宝宝零食的概念。成人除了三餐以外的食物都称作零食。但宝宝由于生长发育需求，胃口又比较小，如果只靠三餐，不能满足他的营养需求，因此只能在三餐之外加两顿或者三顿零食，这个可以算作加餐，并不是传统意义上的零食。

宝宝传统意义上的零食，指的是已密封包装好的散装销售、保存期长、不用再次烹煮的非正餐小吃，多为油炸类、坚果类、主食类（包括饼干）、腌制类（包括凉果、蜜饯）、烘炒类或者糖果类、膨化类等食物。

但对身体还未发育成熟的宝宝来说，这些零食有一些是不适合的，不可以作为宝宝的加餐。

02 怎样挑选宝宝零食

这时，很多家长会问，市面上的零食那么多，到底要怎样给宝宝选择合适的零食？其实，挑选宝宝零食还是有方法可以参考的。零食上的营养成分表和配料表都是家长挑选宝宝零食的好帮手。

看营养成分表

营养成分表

每份 1/4 袋（7g）计，每袋分 4 份

项目	每份（7g）	NRV%
能量	125 千焦（kJ）	1%
蛋白质	1.0 克（g）	2%
脂肪	0.0 克（g）	0%
- 反式脂肪	0.0 克（g）	0%
碳水化合物	5.0 克（g）	2%
钠	15 毫克（mg）	1%
维生素 A	80.23 微克视黄醇当量（μgRE）	10%
维生素 E	1.02 毫克 α- 生育酚当量（mgα-TE）	7%
维生素 C	（抗坏血酸） 44 毫克（mg）	4%
钙	38 毫克（mg）	5%

营养成分表中会有碳水化合物、脂肪、钠等成分，以钠为例，钠含量过高会对宝宝的肾脏造成负担，影响代谢。家长在选购时要尽量选择钠含量相对低的零食。低钠零食钠含量小于等于 120 毫克 /100 克；如果零食钠含量大于 600 毫克 /100 克，就属于高钠零食，不建议给宝宝吃。

看配料表

很多家长看不懂配料表。其实，有一个非常简单实用的方法——看不懂的成分越多越不要购买，尽量选择成分简单的。这的确是一个简单易学的办法，以后看到文字密密麻麻的配料表时，再也不用犯愁了。

育儿锦囊

宝妈问 如果吃太多含有添加剂的食品，会对宝宝有哪些不好的影响呢？

专家答 如果长期吃太多含有添加剂的食品，比如人工色素，很有可能会导致宝宝缺锌，而宝宝一旦缺锌，有以下 3 点危害：①宝宝容易注意力不集中；②宝宝容易出现多动症；③宝宝容易生长发育迟缓。

03 宝宝零食红黑榜，挑选零食一目了然

现在市面上人工合成的零食太多了，这给家长带来了很大困扰。为了帮助家长更好地为宝宝选择零食，专家特地公布了宝宝零食红榜和黑榜。这对家长来说，真是太实用了，既为家长提供了零食选购指南，又能帮助家长避免不小心掉进黑榜零食的坑，可以为宝宝的健康保驾护航。

宝宝零食红榜，宝宝可以大胆、放心吃

（1）蒸或烤的红薯、土豆、玉米

这类食物中富含优质的碳水化合物、矿物质和膳食纤维，对促进宝宝胃肠道功能很有好处，而且可以促进消化、预防便秘。

（2）自制面包、奶油蛋糕

部分储藏期长、室温可保存的蛋糕中的奶油多是植物油氢化后获得的，在制作过程中可能会产生反式脂肪酸，同时油和糖的含量都很高，增加了宝宝患心血管疾病、糖尿病等疾病的风险。所以，家长应尽量给宝宝选含有天然奶油、低糖低脂的面包和蛋糕，有条件的最好自制面包、蛋糕，控制油和糖的摄入量。

（3）奶制品

奶制品中，建议购买纯牛奶、不额外加糖的酸奶。乳饮料虽然好喝，但含奶量基本可以忽略，再配以水、甜味剂、果味剂等，完全不是传统意义上的乳制品。

（4）应季水果

新鲜美味的应季水果营养丰富，是宝宝健康零食的必备之选。水果中的糖分可以给宝宝补充体力，膳食纤维可以促进肠道健康，还可以让宝宝摄入充足的维生素和矿物质。不过，妈妈也不要让宝宝过度食用，毕竟糖分含量不低。

宝宝零食黑榜，再好吃也不能买

（1）含铅多的零食

如含铅的皮蛋、爆米花、膨化食品、罐头。

危害：宝宝铅中毒可伴有某些非特异的临床症状，如腹部隐痛、便秘、贫血、多动、易怒等；血铅等于或高于 700 微克/升时，可伴有昏迷、惊厥等铅中毒性脑病表现。

（2）含反式脂肪酸的零食

使用植脂末、植物奶油制作的珍珠奶茶，蛋黄派，冰淇淋，家长一定要注意看

配料表。

危害：会增加患心血管疾病风险。

（3）油炸的零食

如薯片、炸鸡。

危害：油炸食物往往热量很高，高温下可能产生致癌物，油脂氧化聚合也可能对健康不利。

（4）高热量的零食

如棒棒糖、巧克力、可乐。

危害：高热量带来的是高脂肪、高蛋白质或高碳水化合物，如果摄入过多，一是不好消化，二是热量摄入超标，长期食用会有发胖风险。

（5）腌制的零食

如泡椒凤爪、香肠、话梅。

危害：肉类腌制食物有口味重（钠含量高，增加肾脏负担）、含有防腐剂等风险；蜜饯等腌制食物有高糖、重口味等问题。

宝宝零食红黑榜

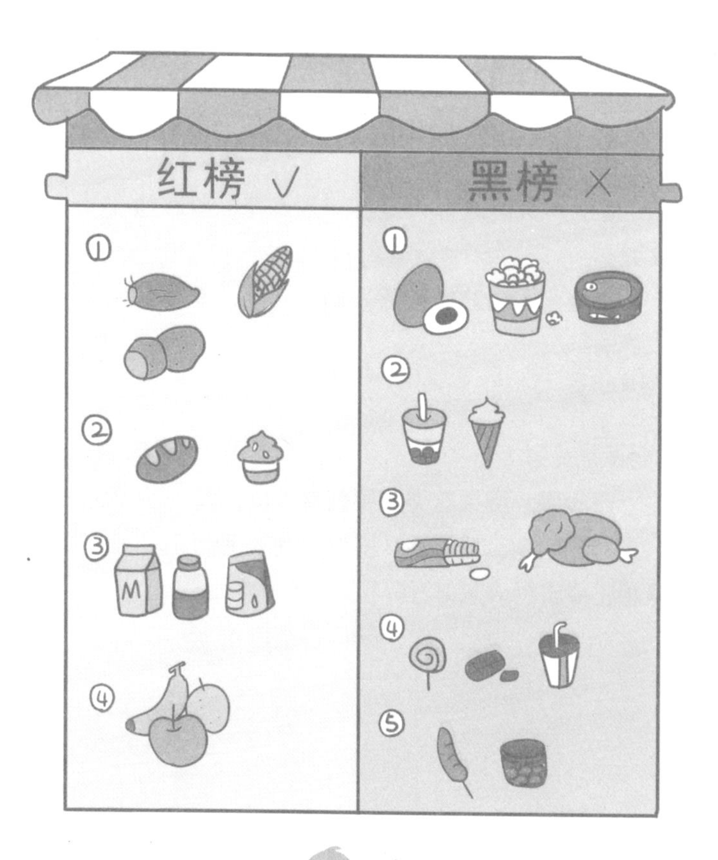

专家育娃讲堂

很多家长认为天然的零食一定安全，但其实很多天然食物，如果操作不当或食用量超标，也会对宝宝身体造成负担。

（1）果汁

不建议宝宝喝果汁，包括鲜榨果汁。果汁对于1岁以下宝宝来说营养价值太低，并且水果榨汁后的糖分成为游离糖，会增加宝宝龋齿的发生率。

不同年龄宝宝每天水果摄入量推荐：

6～12月龄，50克左右；

1～2岁，100克左右；

2～3岁，150克左右。

（2）肉松

市售肉松钠含量过高，容易对肾脏造成负担。

不同年龄宝宝每天盐的摄入量并不相同，但原则上还是建议少加：

1～3岁宝宝，低钠盐每天最多摄入3克，普通盐每天最多2克；

4～5岁宝宝，低钠盐每天最多摄入4克，普通盐每天最多3克。

（3）坚果

如花生、开心果、腰果这类坚果营养丰富，但是整粒吃容易呛到宝宝。建议给3岁以下的宝宝吃坚果前，宜将坚果研磨成末或者碎粒。

小鞋子也有大学问，贴心家长要知道

主讲专家

丘　理

中国皮革和制鞋研究院高级工程师、国家皮革和制鞋生产力促进中心鞋类设计培训部高级培训教师。主要从事脚型规律、脚型与楦型、脚的生物力学、鞋（脚）与健康、鞋楦机理、儿童鞋等方面的研究及培训。主持完成“学生及儿童皮鞋的研究与开发”“中国人群脚型规律的研究”等多项国家、省部级科研项目。发表过《生物力学技术在制鞋领域的应用》《儿童鞋的动力学研究》等论文。

细心的家长发现，宝宝走路时动不动就摔跟头，有的宝宝还出现O形腿、内（外）八字、足内翻、足外翻，这到底是怎么回事呢？这些症状很可能是在提示家长给宝宝穿的鞋不对。俗话说：“鞋合不合脚，只有自己知道。”可是对于咿呀学语的宝宝来说，鞋合不合适，宝宝并不能通过确切的语言表达出来。那家长要如何判断呢？别着急，跟着专家学起来吧。

01 宝宝刚学走路，5 招教你选好学步鞋

宝宝刚开始走路，便踏出人生了第一步。这时，家长该为宝宝选择学步鞋了，但各种各样的学步鞋，实在让家长挑花眼，选了半天，还未必合适。那么，选择宝宝学步鞋有什么诀窍？

总结起来，就是“一折、二捏、三拧、四按、五闻”这 5 点。下面来看看具体的做法吧。

一折

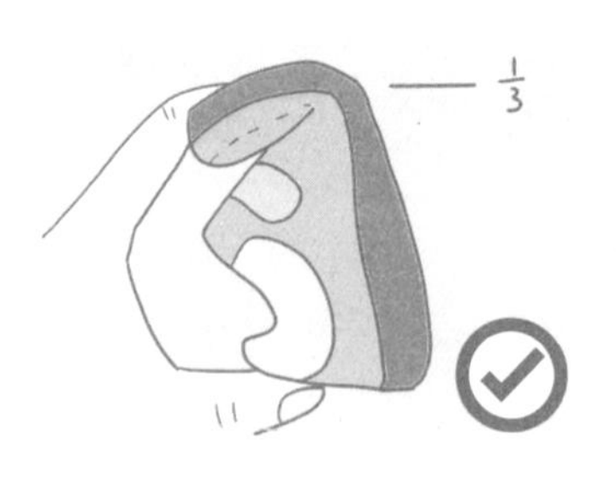

对折一下鞋底，如果弯曲的地方不在鞋底前部1/3处，说明这鞋子不合格。因为鞋底的曲挠线，要跟宝宝脚的曲挠线相吻合，才能引导宝宝正确地行走。

二捏

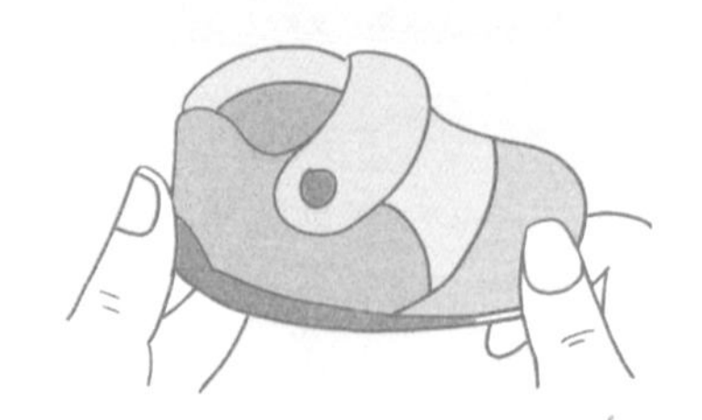

双手捏一下鞋子的后跟部位和前部包头。如果没有硬度，说明鞋子不合格。鞋子的后跟部位和前部包头必须有足够的硬度，保护宝宝柔软的关节。

三拧

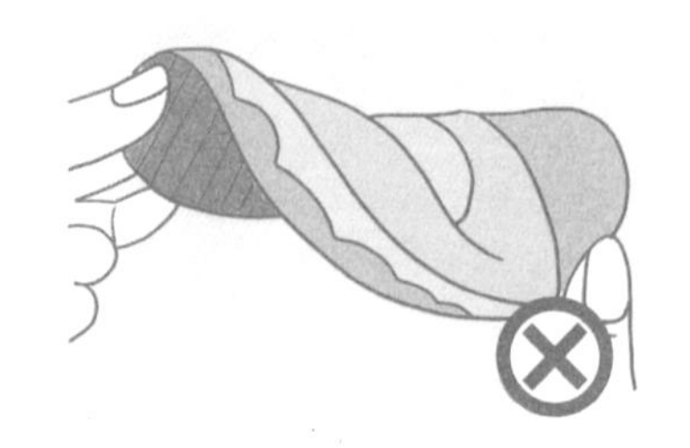

双手对拧一下鞋子，如果鞋子太容易变形，说明鞋子不合格。正常的鞋子必须有足够稳定性，规范宝宝的正确行走方式。如果太容易变形，宝宝在行走过程中容易扭伤脚部，或养成不好的行走习惯。

四按

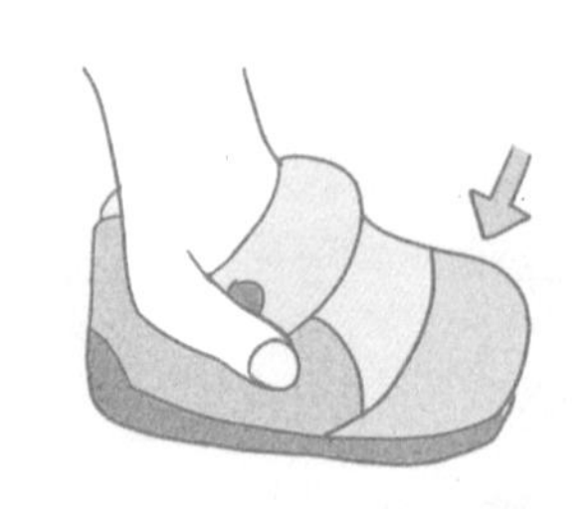

把手伸到鞋子内部前掌部位按一按，如果发现太柔软，说明鞋子不合格。鞋垫的前掌部位不能太软，行走过程中，宝宝的前掌、脚趾抓地能力需要得到训练，从而促进足弓、足底神经及大脑神经正常发育。

五闻

闻一下鞋子有没有异味，宝宝对有害化学物质的抵抗能力很低，宝宝学步鞋必须严格使用无毒、无害的环保材料制作。

02 给宝宝买鞋时，你会测量他的脚长吗

现在，你们会选宝宝学步鞋了吗？一双合适的学步鞋不仅让宝宝穿着舒服，还能让宝宝爱上走路，更快学会走路。宝宝学会走路，家长忍不住要炫耀一下，还打算赶紧给宝宝买几双最时尚的小童鞋。你们知道如何正确地测量宝宝的小脚丫吗？

方法1：自己给宝宝量脚（靠墙测量）

道具：直尺、A4 白纸、笔

（1）测

让宝宝站着，赤脚轻踩在白纸上，一定要站着，躺着和悬空都不正确。后脚跟轻轻靠墙，不要紧贴在墙面。

（2）记

用直尺在宝宝脚最长的脚趾处做记号。用直尺量出从墙面到宝宝最长脚趾的距离，就是宝宝的脚长。

（3）选

两只脚长不一样的时候，应该选择数值较大的作为宝宝穿鞋的尺码。

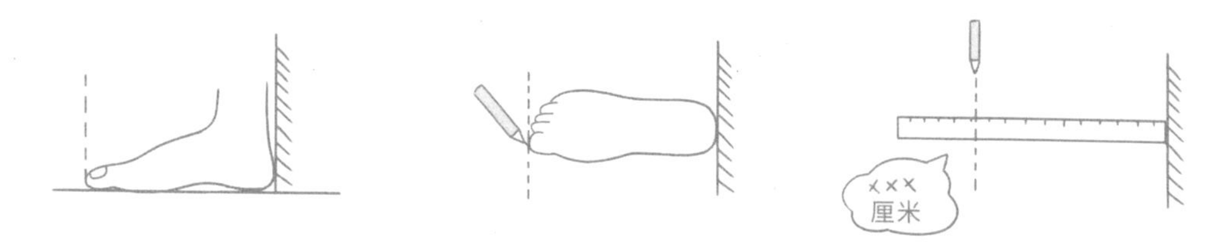

方法2：量脚“神器”

量脚“神器”其实就是量脚器，量脚器上面会显示数据，家长根据说明书查看就可以了，使用方法非常简单。

在使用量脚“神器”测量宝宝脚长的时候，量脚“神器”必须放在平坦的地方，这样宝宝的脚才能够受力完全，测试结果才更准确。

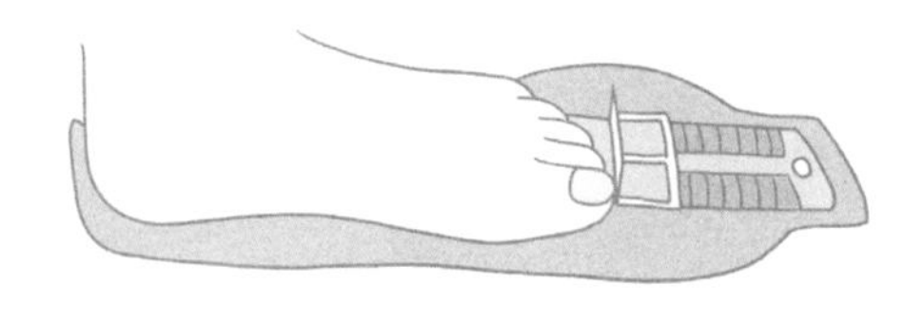

03 鞋子尺寸怎么选？该买大一些还是小一些

有的家长觉得宝宝的鞋子要买大一点，有的觉得要买小一点，各有各的理由。到底该买大鞋还是小鞋呢？其实两者都不好。不管是大鞋还是小鞋，都不适合宝宝娇嫩的小脚丫。

为什么宝宝不能穿大鞋

●鞋子太大会不跟脚，宝宝在走路时，要么不抬脚、趿拉着鞋，要么身体前倾、撅着屁股、用脚跟挂着鞋走，久而久之还会形成不良的走路习惯。

●宝宝通常闲不住，喜欢跑来跑去，鞋子太大不仅容易滑掉，还可能造成意外伤害。

●宝宝一双鞋的穿用时间一般为 3 个月左右，换季时也要换鞋。如果买大鞋子今年穿着大，明年穿可能又小了。

●由于小脚在大鞋中得不到相应的固定，长期下来，不仅容易引起足内翻或足外翻畸形发育，还会影响宝宝以后走路时的正确姿势。

为什么宝宝不能穿小鞋

●穿小鞋容易导致甲沟炎。宝宝的脚趾本来就幼嫩，加上宝宝天性活泼好动，过小的鞋子会使其趾甲与附近的软组织反复摩擦，造成甲沟隐形损伤，引发甲沟炎。

●会造成畸形足，比如高弓足等脚部畸形。

●会妨碍全身的血液循环和新陈代谢，影响宝宝的食欲，使其出现厌食或挑食，从而影响生长发育。

专家提醒

具体选购时，家长可以让宝宝把新鞋穿进去。宝宝脚丫顶到鞋头前端时，家长将小指塞进鞋子后脚跟，如果小指可以塞进去，那说明宝宝穿着这双鞋正合适。切记，不是看家长食指塞进去的富余量，而是小指。

育儿锦囊

宝妈问 我平时喜欢网上购物，而且网上有许多可爱的宝宝鞋。在网上该怎样为宝宝选购合适的鞋子？

专家答 在网上买鞋也是可以的。在网上买鞋要注意看尺码，一般网上的鞋都会标明鞋的内长。教家长一个给宝宝买对鞋子尺码的小窍门：鞋内长 = 宝宝脚长 +1 厘米。

比如宝宝的小脚丫长 16.5 厘米，那么可以加上 1 厘米，买内长 17.5 厘米的鞋，这样最合适。

家长学会这些，让宝宝享受清凉一“夏”

主讲专家

严 虎

复旦大学儿科学博士。1996 年开始从事儿科临床工作，秉承循证医学理念。目前任卓正医疗上海诊所儿内科医生。

一到夏季，防暑、降温、驱蚊便成了家长操心的头等大事，一场历时 3 个多月的护娃保卫战开始了，痱子粉、防晒霜、防晒服、遮阳帽、冰淇淋、空调、蚊香、驱蚊手环、驱蚊水等各种“神器”闪亮登场。这些传说中的“神器”真有用吗？如果有用，又该怎么用？跟着专家学起来吧。

01 夏季宝宝长痱子，家长展开灭痱子行动

夏季的高温非常容易引发皮肤疾病。皮肤娇嫩的儿童最常发生的就是痱子，它是因为小汗腺堵塞引起的疾病，最容易出现在宝宝的头、颈、前胸、后背这些容易出汗的部位，往往瘙痒难受，宝宝不停抓挠，甚至影响睡眠。

夏季可以给宝宝使用痱子粉吗

为了能让宝宝舒服一点，很多家长喜欢给宝宝涂痱子粉，感觉痱子粉能吸汗。其实涂痱子粉只是给宝宝暂时的舒爽，可能会有潜在的危害，比如：痱子粉中的细小颗粒，可能会堵塞宝宝汗腺，甚至会被宝宝吸入呼吸道，造成持久的呼吸道伤害。所以不建议使用。

即使现在市面上出现了对呼吸无特别影响的外涂粉剂，比如玉米粉，也不建议使用。因为预防痱子的关键是减少出汗，而不是涂粉。

痱子重在预防，预防比去除更让宝宝舒服

怎样才能让宝宝免受痱子之苦？其实对于痱子，重在预防，也就是尽量不让宝宝长痱子。因为是小汗腺堵塞导致的痱子，所以预防的关键是减少出汗，而使用空调确保环境温度适宜是减少出汗的最主要手段。另外，户外炎热时，要避免外出，而且宝宝穿的衣服也要尽量透气。

02 夏季出门给宝宝做防晒，你做对了吗

夏天要带宝宝出去玩的话，家长要给宝宝做好防晒。

夏季可以给宝宝使用防晒霜吗

尽管市面上有很多防晒霜，但有不少家长担心：宝宝的皮肤这么娇嫩，可以使用防晒霜吗？其实是可以的，但有年龄限制，比如：6 月龄以上的宝宝就可以放心使用防晒霜；而 6 月龄内的婴儿通常不用防晒霜，首选衣帽遮蔽防晒。

防晒霜分两种，一种是有机的（化学防晒），一种是无机的（物理防晒）。

由于有机防晒霜容易引起宝宝皮肤过敏，所以建议选择无机防晒霜。针对无机防晒霜，选择标准又有哪些呢？如何给宝宝涂抹防晒霜呢？

如何选择防晒霜	给宝宝选择含有氧化锌或者二氧化钛物理防晒剂的防晒霜
	尽量选择专门为宝宝设计的防晒霜
	不要使用“驱蚊”的防晒霜
如何涂抹防晒霜	建议提前 1 ~ 2 天在宝宝手臂等位置涂抹，进行过敏测试
	出门前半小时涂抹
	户外玩水，需要每隔 1.5 ~ 2 小时重新涂抹一次

育儿锦囊

宝妈问　宝宝使用防晒霜后能用卸妆水清洗吗？

专家答　普通防晒霜通常无需使用卸妆水清理，除非是特殊的防水型防晒霜。

夏季如何正确给宝宝选择防晒服和遮阳帽

宝宝天生喜欢到户外玩乐，为了让宝宝尽情享受户外活动的乐趣，很多家长都给宝宝准备了防晒服和遮阳帽。防晒服和遮阳帽能有效地阻隔紫外线的直接照射，起到一定的遮蔽、防晒作用，但大多数防晒衣不透气，遮阳帽的帽檐短，且材质厚，易捂汗，易使宝宝长痱子。那么，到底要如何选择防晒服和遮阳帽呢？

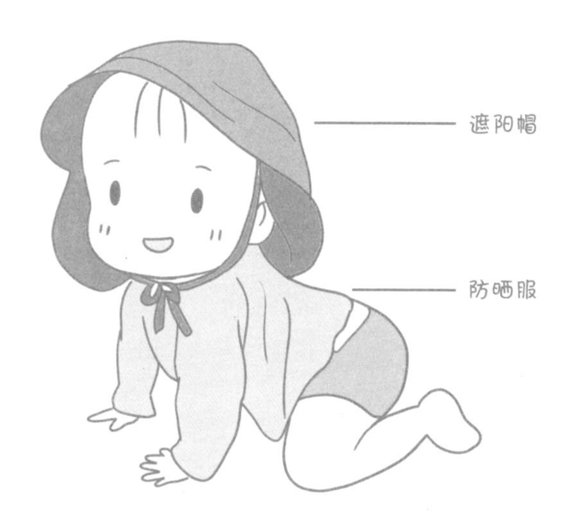

（1）遮阳帽

建议帽檐在 10 厘米以上。如果遮挡范围不够，就起不到有效的防晒作用。

（2）防晒服

防晒指数与防晒服的材质、疏密程度、厚度、颜色都有关系。比如密织的好于稀疏的，厚的好于薄的，人造纤维类好于纯棉，染色的好于白色的（测试表明，薄白色的防晒指数只有 4，厚白色的防晒指数为 12，薄染色棉布的防晒指数为 12 ～ 18）。

03 夏季给宝宝降温消暑，实用妙招助力苦夏

夏季可以给宝宝食用冰凉的食物吗

在高热季节，可以给 3 岁以上的宝宝适当食用凉一些的食物。很多人觉得喝冰水、吃冰棍会生病，其实只有喝了不干净的水、吃了不干净的食物才可能引起食源性肠道感染。人有天生的恒温能力，冰冷的食物经过口腔、食管进入胃的时候，已经没那么冰，不会引起不适。

另外，不鼓励给 3 岁以下的宝宝吃高热量、高糖分的冰淇淋，这样会影响宝宝对其他健康食物的兴趣。不过，3 岁以上的宝宝偶尔吃一吃这类食物是可以的。

夏季可以给宝宝使用空调吗

环境温度偏高时，建议给宝宝使用空调，因为环境温度舒适，宝宝会休息得更好，不容易发生皮肤疾病。那么，如何合理使用空调呢？

●空调温度可设置在 22 ～ 26 ℃（以宝宝舒适为宜）；部分患有皮肤疾病（如特异性皮炎）的宝宝，空调温度可以调得更低一点，比如 20 ℃左右。

●使用空调期间，需定期清洁过滤网。

●使用空调期间，注意定时开窗通风。

●空调出风口可适当遮挡，避免长时间直吹冷风，引起不适。

●注意空调房间的相对湿度最好维持在 40% ～ 60%，必要时可使用加湿器。另外，也要注意给宝宝皮肤涂保湿膏。

专家育娃讲堂

自驾车带宝宝外出可以有，但一定要避免把宝宝独自留在车内。一些家长外出办点事或去超市，会留下宝宝一个人在车里等待，甚至有时把熟睡的宝宝忘在车里。殊不知，在烈日的照射下，即使在冬天，车内的温度也会达到 60℃以上，时间一长，足以让宝宝中暑，出现严重的身体伤害，甚至死亡。

如果宝宝在温度高的环境待过后出现萎靡不振、烦躁不安的现象，要注意检查宝宝是否中暑了。

识别宝宝中暑的程度

●轻度中暑：宝宝一直出汗，皮肤冰凉潮湿，状态不佳，注意力不集中，感觉头晕胸闷。

●中度中暑：宝宝狂出汗，头晕头痛，恶心想吐，呕吐，有虚脱感和倦怠感，可能伴有发热的情况。

●重度中暑：宝宝意识不清、手足痉挛、体温升高，甚者可能出现循环衰竭，可危及生命。

专家提醒

如果怀疑有中暑的情况，需要尽快脱离高热环境，置于有空调的凉爽房间里。因为家长难以准确判断宝宝的中暑程度，所以只要怀疑宝宝中暑了，都需要立即就医。

04 夏日防蚊很重要，家长学起来

夏秋季，宝宝身体的暴露部位突然出现小红包，如果伴有瘙痒挠抓，很可能就是蚊虫叮咬引起的。

- 如果出现这种情况，可以尝试局部冷敷、涂抹炉甘石洗剂或者地奈德乳膏。
- 如果肿块面积偏大，瘙痒明显，可以口服抗过敏药。
- 如果局部有细菌感染迹象，则需要外涂抗生素软膏。

这些药物的治疗，应该由皮肤科医生帮助确定。

如果外出，需要用适当的衣物遮蔽身体暴露部位；尽量少去蚊虫密集的地方，如水边或草丛；2 月龄以上的婴儿可使用含有避蚊胺的驱蚊水。

专家提醒

室内也要注意防蚊。比如夏秋季使用纱门、纱窗；宝宝睡觉时，特别建议使用蚊帐避蚊。

专家育娃讲堂

应避免使用盘式蚊香，因为它可以散发出有明确毒性的颗粒烟雾；而电蚊片、电蚊香液使用过程中尽管会释放低浓度菊酯类杀虫剂，但没有远期健康风险。如果实在在意它们释放的特殊气味，可以考虑无人时使用。

驱蚊手环、发射声波的驱蚊电子装置、口服 B 族维生素片等措施没有避蚊效果，不建议使用。

辅食添加新主张，养出白胖健康宝宝

主讲专家

张思莱

著名儿科专家，中国关心下一代工作委员会专家委员会专家。北京中医药大学附属中西医结合医院原儿科主任、主任医师。2019 年荣获“中国母婴科普人物杰出贡献奖”，2020 年荣获中国科协、人民日报、中央广播电视总台“典赞·2020 科普中国”年度十大科学传播人物。《张思莱科学育儿全典》荣获科技部 2018 年全国优秀科普作品奖。

宝宝到了可以吃辅食的阶段，终于能够享受各色美食。妈妈每天乐此不疲地为宝宝准备各种美食，希望宝宝快快长大。可是，妈妈发现，怎么自己准备的美食，宝宝都不怎么喜欢呢？有的宝宝吃辅食后反而瘦了。

其实，每个宝宝的发育情况是不一样的，妈妈在给宝宝准备辅食的时候也要科学合理地安排。辅食如何添加才更有助于宝宝生长发育？还是听听专家怎么说吧。

01 添加辅食有顺序，补对每一份营养

刚开始给宝宝添加辅食时，一家人各持己见。宝爸认为宝宝要先开荤，首先吃“硬菜”，要先吃肉。宝妈认为，宝宝消化能力弱，要先吃蔬菜。奶奶认为，大米白面最养人，要先吃米面。

宝宝满 6 月龄，体内的铁元素已经消耗殆尽。铁是宝宝生长发育非常重要的营养素，所以，添加辅食要从富含铁的食物开始。

建议添加辅食的顺序为：

02 针对每个阶段，辅食这样添加更合理

随着宝宝一天天长大，到了不同的阶段，身体对营养的需求也不同。所以，家长在给宝宝准备辅食时，也要根据宝宝所处的不同阶段来变换花样。以下是一张辅食进阶表，可以作为宝宝的辅食添加指南。

7～24 月龄宝宝辅食进阶表

7 月龄（吞咽期）	喂母乳或配方奶粉 700 毫升，含铁米粉、红肉泥、肝泥、蛋黄泥、蔬菜泥、水果泥、禽肉泥、鱼泥、虾泥、豆腐泥
8～9 月龄（舌碾期）	喂母乳 4～6 次或配方奶粉 600 毫升及以上，肉末、全蛋、碎菜、切成小粒的水果或烂面 、稠粥

（续上表）

10～12月龄（咀嚼期）	喂母乳3～4次或配方奶粉500毫升，膳食以小饺子、小馄饨、软米饭、面包片、馒头片、煮烂的蔬菜等软固体食物为主
13～24月龄	喂母乳或配方奶粉500毫升，清淡口味的家庭食物，必要时切碎或捣烂

育儿锦囊

宝妈问 我平常对鱼虾过敏，我家大宝也过敏，那我该如何给宝宝补充鱼虾中相应的营养素呢？

专家答 鱼虾中含有丰富的DHA，对宝宝的大脑发育和眼睛都有好处。如果宝宝对鱼虾过敏，妈妈可以多吃点富含DHA的食物，通过母乳补充给宝宝。如果宝宝长大了，建议额外补充DHA。

7月龄：吞咽期，辅食要呈泥糊状

这个时候，宝宝还不会咀嚼，吃所有的食物都是直接吞咽，所以给宝宝吃的食物一定要呈泥糊状。

家长要注意，每次给宝宝一样新的食物，要观察3天，如果没有出现腹泻、起疹子等过敏表现，就可以给宝宝再加一样新的食物，尽快做到辅食多样化。

育儿锦囊

宝妈问 我家宝宝遇到一些新食物会拒食，我该反复给他加，还是放弃添加这种食物？

专家答 宝宝出于自我保护，会拒绝新加的食物，这也叫“恐新反射”。这个时候，我们给宝宝适当、反复添加就好了。

8 ~ 9 月龄：舌碾期，辅食要呈小颗粒状

这个阶段的宝宝可以用舌头碾压食物，所以家长要给宝宝提供小颗粒状的食物，帮助锻炼宝宝的口腔，为以后咀嚼做准备。同时，这个阶段的宝宝对于营养的需求更大了，如果给宝宝准备粥，一定要够稠。稠到什么程度呢？用勺子舀一勺倾斜时，粥能缓缓地往下流，而不是一下子就倒出来，那就是刚好了。

10 ~ 12 月龄：咀嚼期，吃软固体食物

这个阶段的宝宝咀嚼肌已经发育，给宝宝的辅食要像小饺子、小馄饨、面包等软固体食物，这样才可以锻炼到宝宝的咀嚼肌。

育儿锦囊

宝妈问　我有个朋友，他们家宝宝对米面过敏，怎么办？

专家答　调查发现，很多人对小麦过敏，还有很多人对桃子、芒果等过敏。我们建议不要因为容易对这种食物过敏而不给宝宝吃，因为宝宝不一定对这种食物过敏。如果发现宝宝对某种食物过敏，建议找和这种食物营养成分相当的食物替代，保持营养均衡。

13～24月龄：吃清淡口味的家庭食物

这个阶段的宝宝各项发育已经很好，可以给宝宝吃清淡口味的家庭食物，但是注意，建议每顿饭中，盐最多用到1克，不要超过1克。

给宝宝的辅食中加盐，不是为了味道更好，而是要给宝宝提供钠离子。1岁以内的宝宝食物里的钠含量足够了，所以，1岁以前不要在宝宝的辅食里加盐。

专家提醒

不建议给宝宝的辅食中加酱油之类的调味品。宝宝大脑要存储食物的原味，所以给宝宝吃的东西最好是原汁原味。

03 宝宝辅食摄入量该如何把握

有的妈妈认为宝宝可以吃辅食，就该多吃一些。传统观念也认为，吃得多，宝宝的身体才会壮壮的。其实，给宝宝安排辅食时，家长一定要把握好辅食的量，还要做到食物多样化。以下这张表可以供家长参考：

宝宝每日膳食摄入推荐表	
谷物	20 ~ 75 克
蔬菜	25 ~ 100 克
水果	25 ~ 100 克
蛋黄	1 个
鱼、虾、肉、禽类	25 ~ 75 克
植物油	5 ~ 10 克

专家提醒

添加的植物油，不建议用于油、煎、炒、炸。建议出锅后再加植物油，或者在蒸菜中添加。我们常见的鸡汤、鱼汤、肉汤等白色高汤，都是用油把鱼或肉煎了之后煮出来的，汤里没有营养，全部都是漂浮着的脂肪小颗粒，不建议给宝宝喝这类高汤。

04 每日辅食添加的时间有什么讲究

从宝宝添加辅食开始，就要让宝宝培养起良好的饮食习惯和规律。添加辅食也是如此，不能想什么时候给宝宝吃，就什么时候给宝宝吃。这样不利于宝宝的消化和吸收。

以下是宝宝每日饮食时间安排表，家长可以根据下面的表格来给宝宝安排辅食。

7 ~ 12 月龄宝宝每日饮食时间安排表	
7：00 ~ 7：30	母乳或配方奶粉（10 月龄 + 谷物）
10：00 ~ 10：30	母乳或配方奶粉 + 水果
12：00 ~ 12：30	辅食
15：00 ~ 15：30	母乳或配方奶粉 + 水果
18：00 ~ 18：30	辅食

（续上表）

7 ～ 12 月龄宝宝每日饮食时间安排表	
20：00 ～ 20：10	母乳或配方奶粉＋刷牙
20：30	按时睡觉，9 月龄前可夜奶 1 次

13 ～ 24 月龄宝宝每日饮食时间安排表	
7：00 ～ 7：30	母乳或配方奶粉 150 毫升＋谷物
10：00 ～ 10：30	母乳或配方奶粉 150 毫升＋水果
12：00 ～ 12：30	正餐
15：00 ～ 15：30	母乳或配方奶粉 100 毫升＋水果
18：00 ～ 18：30	正餐
20：00 ～ 20：10	母乳或配方奶粉 100 毫升＋刷牙
20：30	按时睡觉

需要注意的是，要让宝宝 10 月龄以后逐渐改用水杯喝水、喝奶。坚持一段时间，宝宝 1 岁以后便可以戒掉奶瓶喂养。这样不仅有利于断夜奶，对宝宝牙齿的发育也很有帮助。

专家育娃讲堂

当觉得辅食有些烫的时候，很多家长都会吹一吹，甚至舔一舔，再喂给宝宝；宝宝想吃的时候，家长用自己的筷子给他喂一口。注意，这样做都是不对的。家长会在无形之中把口腔里的细菌传染给宝宝。

龋齿形成的原因之一就是变形链球菌的感染加上酸性的口腔环境，而变形链球菌一般是家长通过这样的方式传染给宝宝的。

破除宝宝睡眠误区，打造天生好眠安睡力

主讲专家

小土大橙子

小土，公众号“小土大橙子”创始人，本硕毕业于上海交通大学，工科女，坐标上海，两个男孩的妈妈，一路“打怪升级”，不断反思，持续学习，著有《婴幼儿睡眠全书》《妈妈有力量》。有理性、有温度，理性育儿好帮手。

很多家长都抱怨自家宝宝睡眠不好，特别是有的宝宝白天使劲睡，夜里又不好好睡，真是把家长累得够呛。让宝宝好好睡个觉，怎么就这么难呢？其实最根本的原因是家长没有正确理解宝宝的睡眠，对宝宝睡眠的认识存在错误。别着急，专家帮你破解 7 大宝宝睡眠误区，给宝宝打造天生好眠安睡力。

误区 1 “宝宝累到不行自然就睡了！”

对宝宝来说，越缺觉，越容易敏感度高，越睡不踏实。这非常好理解，好比饿到极致再进食更伤胃，累到不行后入睡同样很痛苦。

宝宝累到崩溃会很难入睡，出现闹觉，即使入眠也多半不是自然入睡。过度疲劳时，宝宝在入眠的过程中常常很难安抚，越困越哭闹，更难哄睡。

“累到不行自然就睡了”流传甚广，是因为某种程度上符合成人自身的睡眠经历，但是用到宝宝身上，却是完全错误的。

误区2 “咱家宝宝精神那么好，不困就不用睡！”

宝宝的睡眠信号和成人很不一样，是越困越兴奋。有时候给予刺激过多，宝宝清醒时的困倦信号会被隐藏，家长不易发觉。

乍一看，宝宝精神好，玩得开心，这对成人来说是清醒的特征，但对宝宝来说，却可能是过度疲劳的表现之一。尝试给宝宝换个安静的环境，远离刺激原，宝宝有可能立即开始打哈欠了。

简单地说，很多成人工作、玩游戏到半夜，看起来也精神得很，也不都是哈欠连天，但其实已经很困，是在硬扛而已。

误区3 “宝宝不睡觉是因为不困！”

宝宝不睡觉是个客观现象，但其实描述得并不准确，确切一点说应该叫“没睡着”。不睡觉，强调的是宝宝的主观意愿，是说宝宝不愿意睡；没睡着，则只是描述现象，有想睡却没睡着和不想睡所以没睡着这两种。

育儿锦囊

宝妈问 为什么宝宝总不睡觉？是不是宝宝不想睡就不让他睡呢？

专家答 宝宝不睡觉的原因是多方面的：

宝宝不能自己拉窗帘、关灯、脱衣服、爬上床……这是身体上的局限；情绪上，他的自控能力也还处于早期发展阶段，“越困越兴奋”的魔咒还没能打破。此外，宝宝身体、大脑发育不成熟，也会造成入睡困难。不睡觉有可能是不困，但更多时候可能是宝宝想睡，却没有适合的环境睡、没有能力睡。

如果不在合适时间安排宝宝睡觉，可能会错过宝宝的睡眠时机，所以要留意规律作息的安排，不要太轻易判断宝宝不想睡。

宝宝睡不好，家长可以尝试多种安抚方式，缓解宝宝的紧张情绪，放松宝宝的身体，让他能安心入睡。

误区4 “宝宝大了睡眠自然就好了！”

睡眠和大脑的发育息息相关，大孩子睡眠确实看起来比小孩子更好，但不管将来什么情况，当前的每一天仍旧非常重要。

宝宝到两三岁仍旧缺觉、无法安睡的情况也不罕见。有的宝宝长大了，睡眠虽然比以前好很多，但是相比睡得好的同龄孩子还是要差一些。宝宝睡不好时，需要家长良好的引导和帮助。

误区 5 “白天睡那么多，晚上就晚点睡吧！”

越是睡得少的宝宝，越容易因为缺觉导致神经紧张、兴奋，无法安睡，入睡后很快醒来。

那么，为什么有人会认为宝宝白天睡多了呢？

●宝宝白天睡得少，夜里反而安睡的情况也有，但比例少一些。随着年龄增加，宝宝白天和晚上的睡眠时间会逐渐呈现此消彼长，但这个转折点要到 9 ～ 12 月龄才会逐渐显现。

●出生头几个月，宝宝所需要的睡眠量甚至可能比成人多 2 倍，所以很多人直觉上容易误以为宝宝睡得太多。

●睡得越多，入睡越容易。对宝宝来说，有很多因素会导致其不睡，但大部分情况下不是因为睡得太多。

误区 6 “白天不睡，晚上才能好好睡，不该让宝宝睡午觉！”

其实还是睡眠促进睡眠的原理。宝宝白天按时、充足地小睡，能够保证宝宝白天良好的状态。如果白天不睡，就算夜里睡足 12 小时，对很小的宝宝来说也还是不够的。

简而言之，正如早饭不吃，也没办法留肚子到吃晚饭。该睡的时候就要睡。

误区 7 “咱家宝宝不睡觉，就是天生睡得少！”

这条传言的问题在于，试图用个体差异的解释来掩盖可能由于养育不当造成的睡眠问题。

宝宝没睡可能是因为妈妈开着灯逗他玩，可能是宝宝才半迷糊说了几声梦话，正想接着睡，妈妈就冲上去抱起宝宝。不排除有天生睡得少的宝宝，但在观察改进之前，别轻易得出“宝宝就是睡得少”这个结论，要找出宝宝睡得少的原因是什么。

避坑指南！这些坏习惯正在伤害宝宝的骨骼

主讲专家

路继科

北京和睦家医院骨科主任，主任医师，澳大利亚皇家外科学院会员，澳洲医学委员会和国际医学委员会认证骨外科医生。拥有30多年骨科临床实践经验，熟练掌握脊柱退行性疾病、脊柱创伤及肿瘤，成人、儿童四肢骨折及软组织损伤等疾病，以及老年骨性关节炎的诊治。在世界著名骨科杂志上发表60余篇有关脊柱、脊髓及四肢损伤的研究文章。

在宝宝成长的过程中，家长难免担心宝宝变得弯腰驼背，有罗圈腿或X形腿。其实，家长这些担心并不是没有道理，生活中也经常会见到一些弯腰驼背、罗圈腿、X形腿的宝宝。为什么会这样？说到底，大部分是家长平时的一些坏习惯导致的。

01 注意！这些行为正在伤害宝宝的骨骼

宝宝在生长发育期，骨骼要长长、长粗，骨骼比较有弹性、比较柔软。宝宝的骨骼如果受伤，虽不像成人容易骨折，但容易变形。很多容易被忽视的日常行为，都可能伤害到宝宝的骨骼。

如果家长有以下坏习惯，要立即纠正

- 宝宝的床垫和枕头没选好。
- 过早竖抱、扶坐、扶站宝宝。
- 让宝宝保持不良坐姿。
- 拽着宝宝胳膊玩。

下面就对以上 4 种坏习惯进行详细解读，看看这些坏习惯是如何伤害宝宝的骨骼的。

坏习惯 1：床垫、枕头选不对，毁掉宝宝脊柱很容易

小床是宝宝待得最久的地方，床垫和枕头每天陪伴着宝宝。如果床垫材质、枕头高矮、枕头形状等选择不当，有可能导致宝宝弯腰驼背。

（1）关于床垫

床垫要满足以下条件：

- 软硬适中，手按下去能弹回来。
- 有一定支撑力，要有内弹簧支撑。
- 材质用比较有弹性的乳胶或海绵。

（2）关于枕头

宝宝 1 岁以前不需要用枕头，最好到 1 岁后再使用。家长在给宝宝选择枕头时要注意以下两点：

- 软硬程度：手按下去能弹回来。
- 使用位置：宝宝颈椎有生理曲度，枕头要放在颈部，而不是放在头部。

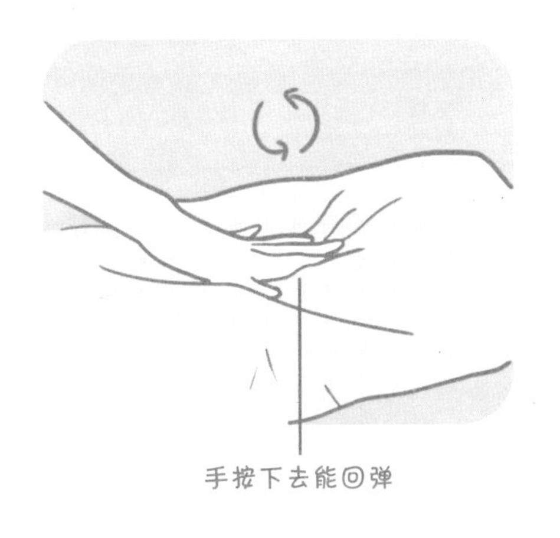

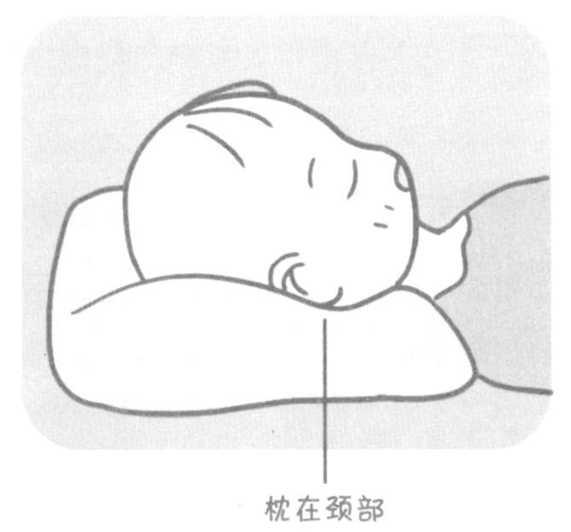

以下有一张宝宝枕头选购参考表，家长可以对照选择。

年龄	推荐
1 ~ 3 岁	全尺寸枕头。在儿童床或床上不会移动，超低，为宝宝提供适当的支持 规格尺寸：58 厘米 ×36 厘米，高度：5 ~ 6 厘米
4 ~ 5 岁	一个小尺寸的枕头可以让宝宝根据需要而移动，并把他们的颈部恰到好处地托住，既方便携带，又能帮助完美睡眠，适合每晚使用。可用传统材料或记忆泡沫 规格尺寸：43 厘米 ×32 厘米，高度：7 ~ 8 厘米
6 ~ 8 岁	带有超柔软酒窝式泡沫层的全尺寸枕头，有特别支撑作用和舒适度 规格尺寸：55 厘米 ×36 厘米，高度：8 ~ 9 厘米
8 岁以上	一个全尺寸枕头会给宝宝所需的支撑，直到他们过渡到青少年期使用成人枕头 纯乳胶枕头完美融合了舒适和支撑性能 规格尺寸：58 厘米 ×36 厘米，高度：9.5 ~ 10.5 厘米

坏习惯 2：过早竖抱、扶坐、扶站

家长在一起带宝宝时，会跟别家宝宝比较，如谁先会抬头、谁先会坐、谁先会走，一心急可能就上手竖抱、扶坐、扶站。殊不知这样的行为可能导致宝宝柔弱的骨骼受伤。

过早竖抱的危害	宝宝脊柱、脖子的肌肉没有力量，容易损伤颈椎，影响脊柱发育 专家提醒：宝宝学会坐之前，不要悬空竖抱宝宝，可以一手托住宝宝的头部和颈部，一手托住宝宝的臀部和腿部
过早扶坐的危害	宝宝后背、脖子的肌肉没有力量，不能够支撑住脊柱的位置，慢慢就容易驼背 专家提醒：顺应宝宝自身发育规律，等背部、脖子的肌肉有足够力量了，2 ~ 3 个月能抬头、4 ~ 5 个月能爬，5 ~ 6 个月能翻身，8 ~ 9 个月之后自然能坐得很好了
过早扶站的危害	伤害脊柱和影响双腿发育 专家提醒：宝宝 10 ~ 12 月龄之前不要扶站

坏习惯 3：宝宝这样坐着玩，将来可能有 X 形腿或 O 形腿

宝宝的坐姿千奇百怪，哪些坐姿会影响宝宝腿型？下图是一些宝宝的常见坐姿，到底什么样的坐姿才有利于宝宝的骨骼发育？

第一种坐姿：跪坐

☑ 正确

但长时间跪坐易伤害小腿、膝关节、韧带，建议时常更换坐姿。

第二种坐姿：“W”坐

☒ 错误

对宝宝的髋关节发育、大腿的肌肉及韧带发育都有影响。

●会导致宝宝腿型外翻、呈内八字走路、扁平足。

●无法盘腿坐、蹲马桶、跷二郎腿。

第三种坐姿：躺在沙发上跷二郎腿

☒ 错误

由于沙发过软，会影响脊柱发育，按这个姿势看电视、看书，宝宝的视力也会受影响。

第四种坐姿：盘腿坐

☑ 推荐

建议时常更换坐姿。

第五种坐姿：单侧盘腿坐

☑ 推荐

建议双腿交替盘腿。

第六种坐姿：敞腿坐

推荐

比较舒适。

第七种坐姿：侧坐

推荐

建议双腿交替侧坐。

专家育娃讲堂

怎样纠正宝宝的错误坐姿？

●在宝宝后背垫一个靠垫，给予支撑，帮助放松背部肌肉，坐得更舒服。

●从背后抱着宝宝坐，陪宝宝一起玩。

●如果宝宝一直用错误坐姿，纠正多次后无效的话，可以到医院咨询医生，检查宝宝的下肢骨骼和肌肉发育情况，通过治疗进行纠正。

坏习惯 4：拽着宝宝胳膊玩，容易造成“牵拉肘”

牵拉肘，学名叫做“小儿桡骨小头半脱位”，是儿童常见外伤之一。

幼儿骨骼发育尚未完全，家长在拉着宝宝练习走路时，如果宝宝出现摔倒的情况而家长又猛然拉扯他的手肘，就可能导致宝宝出现“牵拉肘”。这种问题经常发生在 5 岁以下的幼儿身上。

比如不正确的牵手方式、危险发生时猛拽宝宝胳膊、脱衣服用力过猛、拉着手爬楼梯、错误的抱姿等行为，都很容易让宝宝出现“牵拉肘”。

02 宝宝腿型发展大揭秘，科学判断早纠正

一说起宝宝的腿型，很多家长常会陷入 2 个误区：

误区 1：认为宝宝的双腿非常“笔直”才算直。

误区 2：认为宝宝的腿弯着就一定是 O 形腿。

专家提醒，宝宝成长过程中，腿型一直在变化，要用科学的标准去判断腿型是否发育正常。

下面是一张宝宝腿型发展图：

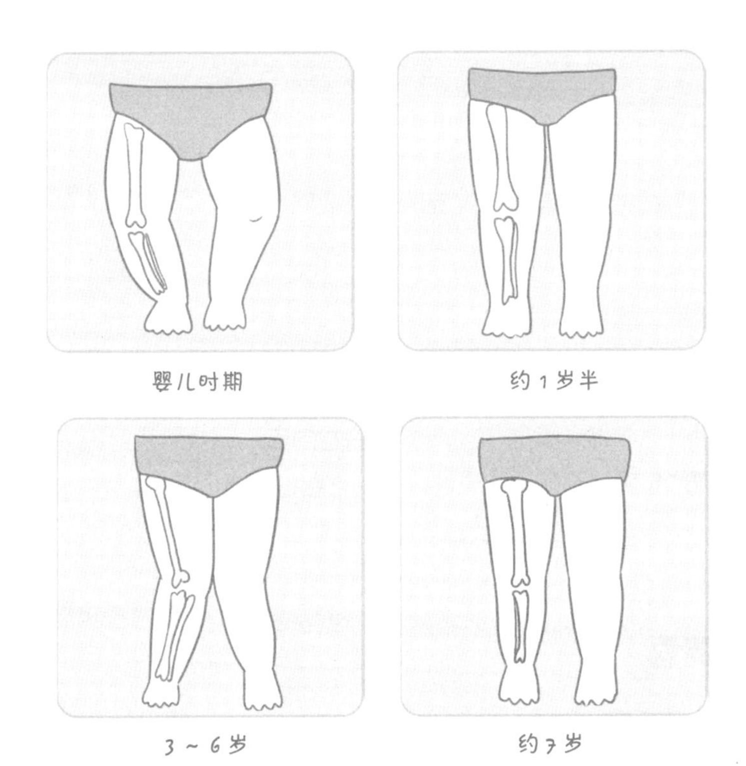

婴儿时期

宝宝出生前，蜷缩在妈妈狭小的子宫内，腿骨会发生轻微的弯曲，大多数宝宝会出现 O 形腿的情况，出生后腿也是呈 O 形的。

约1岁半

当宝宝到了1岁半左右，O形腿就会逐渐改善。

通常到了2～3岁，大多数宝宝的O形腿就会消失。

3～6岁

宝宝3～6岁时步基(走路时，左右两腿间的距离)开始变窄，下肢也开始变直。

这时，两脚走路时脚指向内侧，双膝甚至也靠在一起，很多宝宝的双腿又会渐渐变为X形腿。

约7岁

通常到了7岁左右，大部分宝宝的腿型会回归正常。正常成人的双腿呈5～7度外翻。

专家提醒

不管是什么年龄，只要宝宝两腿弯曲方向不同，就要及时去医院检查，因为这有可能是骨骼受伤、先天性疾病或化脓性感染引起的。

育儿锦囊

宝妈问 如果家长认为宝宝的腿型不直，是否可以用市面上常见的矫正鞋垫来纠正呢？

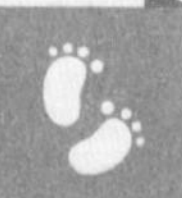

专家答 如果是骨骼发育问题，要去医院仔细检查；如果是轻微弯曲，随着宝宝年龄的增长，骨骼会自行矫正。

给宝宝科学补钙，也是技术活

主讲专家

李 瑛

主任医师，现任北京美中宜和妇儿医院儿科大主任，曾任北京市海淀区妇幼保健院儿科主任10余年，在儿科常见病、多发病的诊疗，以及婴幼儿生长发育监测、干预方面有丰富的经验。中国医师协会、中国妇幼保健协会、北京医学会儿科分会学术委员，担任国内多家媒体育儿专家，曾发表学术论文10余篇。出版图书《儿科专家李瑛给父母的四季健康育儿全书》《隔代育儿全攻略》。

很多家长平时会给宝宝炖骨头汤，让宝宝吃一些鱼虾，还有的家长会给宝宝买一些专门补钙的营养品。可是，你们真的知道自家宝宝有没有缺钙吗？千万不要小看补钙这件事，这也是一项技术活。要让宝宝不缺钙，家长需要好好学习。

01 钙的重要性，不言而喻

对于婴幼儿时期的宝宝来说，钙的足量摄入尤为关键。钙对宝宝的生长发育具有不可替代的作用，总结起来就是以下2点。

决定骨骼的强度

钙对宝宝最重要的生理作用就是促进骨骼生长，骨骼里含钙成分是最多的，而且宝宝在不断发育成长，对钙的需求也是持续增加的，所以钙的补充非常重要。

维持神经兴奋性

钙是维持神经系统完整性所必需的元素，在人体内传递信息（尤其是神经系统的信息）、维持神经细胞兴奋性等方面具有重要作用。缺钙，对宝宝来说可能会引起夜惊、夜啼、盗汗等，还可能诱发小儿多动症。

02 缺钙后果很严重，家长要重视

如果宝宝缺钙，不仅对骨骼发育有不良影响，同时会影响宝宝身体各项机能的发育和完善，后果非常严重。

长期严重缺钙会导致的疾病	
	佝偻病
	方颅
	肋骨外翻
	O 形腿、X 形腿

育儿锦囊

宝妈问 我家二宝出牙好像比别的宝宝晚，长牙也慢，是不是因为缺钙？

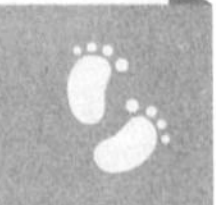

专家答 宝宝出牙晚、长牙慢的原因有很多，并不能因此判定宝宝缺钙。事实上，宝宝 4 ~ 12 月龄开始出牙，都属于正常现象，与是否缺钙没有必然联系。

一般认为，超过 12 月龄乳牙仍未萌出者为出牙延迟，需要到医院请专业医生查找出牙延迟的原因，再寻找解决方案。

03 这些表现真的都跟缺钙有关系吗

钙对宝宝如此重要，家长真的要特别上心。可是，从哪些表现可以看出宝宝缺钙呢？家长该怎么判断宝宝有没有缺钙？

枕秃

造成宝宝枕秃的原因有很多：

- 平躺时间多。
- 毛发脆弱，易掉。
- 出汗多，摩擦，瘙痒。

所以，单凭枕秃现象，不能断定为缺钙。

出牙晚、长牙慢

宝宝的牙齿，其实是在妈妈肚子里的时候（胎儿期）就形成的。有的宝宝出牙早，有的宝宝出牙晚，有时间周期。宝宝 4 ～ 12 月龄开始出牙，很正常。所以，单凭出牙晚、长牙慢的现象，不能断定为缺钙。

夜里哭闹、易醒

造成宝宝夜里哭闹、易醒的原因有很多：

如饿了、尿湿了、解大便了、肚子胀气了、肚子不舒服了、夜惊了、做噩梦了、求安慰等。

所以，单凭夜里哭闹、易醒的现象，不能断定为缺钙。

出汗多

造成宝宝出汗多的原因有很多：

●宝宝在睡觉、吃奶、玩耍后出汗多，这是很正常的现象。

●宝宝出汗多，与其生理发育特点有关。

●环境温度高时，宝宝也容易出汗多。

所以，单凭出汗多的现象，不能断定为缺钙。

走路不稳，容易摔跤

宝宝在学走路阶段，走路不稳是很正常的。只要宝宝的生长发育情况没什么问题，这种走路不稳只是一时的。给宝宝一点时间，等他行走熟练就好了。所以，单凭走路不稳的现象，不能断定为缺钙。

个子矮

宝宝个子矮的原因一般有以下几个方面：

●宝宝个子高矮与遗传因素有很大关系。

●饮食搭配不合理，睡眠不好。

●运动不足，维生素 D 补充不足。

所以，单凭个子矮的现象，不能断定为缺钙。

专家育娃讲堂

当宝宝轻微缺钙时，精神状态方面也有所表现，如烦躁磨人、不听话、爱哭闹、脾气怪；睡不踏实、不易入睡、夜惊、早醒、醒后哭闹；出汗多，与气候无关，即天气不热，穿衣不多，不该出汗时也出汗；因为汗多而头痒，所以宝宝躺着时喜欢摇头，时间久了，后脑勺处的头发被磨光了，形成枕秃。

这些现象或多或少都存在时，才考虑缺钙。如果仅有其中一项表现，就不能诊断为缺钙。

04 到底怎么判断宝宝缺不缺钙

宝宝缺不缺钙，可以看这 3 点：

- 看钙摄入够不够。
- 看钙吸收得好不好。
- 看钙消耗程度。

宝宝高钙食物推荐

看钙摄入够不够

宝宝每日到底需要多少钙呢？下表给出了参考标准：

宝宝每日需要多少钙	
月龄 / 年龄	需求量
0 ～ 6 月龄	300 毫克 / 日
6 ～ 12 月龄	400 毫克 / 日
1 ～ 3 岁	600 毫克 / 日
4 ～ 10 岁	800 毫克 / 日
11 ～ 18 岁	1000 毫克 / 日

看钙吸收得好不好

钙的吸收和利用过程需要很多营养素的参与，其中最重要的是维生素 D，可以帮助钙吸收，让游离在体液中的钙沉积在骨骼上，起到强筋壮骨的作用。专家建议宝宝每日补充 400 ～ 500 国际单位的维生素 D。日常生活中，晒太阳是最经济、有效的补充维生素 D 的方式。每日保证宝宝有 1 ～ 2 小时的户外活动，天气不好时推开窗户晒太阳也可以。

看钙消耗程度

宝宝钙消耗过多，也会出现缺钙的问题。

- 生长速度过快，容易导致缺钙。
- 多见于早产儿，因出生时低体重，之后追赶生长速度，需求也多。
- 体重超过 90 百分位的宝宝，钙消耗增多。

应对儿童常见病，心中有谱不会慌

在喂养宝宝的过程中，家长无微不至地照顾着，让宝宝吃好、睡好、玩好。可是，宝宝还是经常出现各种小毛病，比如感冒、发热、腹泻、湿疹等，让家长坐卧不安。其实，宝宝偶尔生病是正常的，家长完全没有必要过分担忧。

不过，为了应对这些儿童常见病，家长非常有必要认真学习这些常见病的知识及应对方法。如果家长对这些常见病非常了解，那么即使宝宝生病，也不会手足无措了。

拯救湿疹宝宝，细致护理比治疗更重要

主讲专家

刘晓雁

首都儿科研究所附属儿童医院皮肤科主任医师。擅长湿疹、特应性皮炎、银屑病、小儿妇科、血管瘤、血管畸形的综合治疗（包括药物治疗、激光治疗、光动力治疗等）。近年来，在小儿皮肤外科治疗方面有所侧重，尤其是新生儿及婴幼儿皮肤肿物（色素痣、皮脂腺痣）的手术治疗。

宝宝的皮肤屏障功能不全，皮肤水分容易丢失，产生各种问题，最常见的是湿疹。在医学界，首都儿科研究所附属儿童医院皮肤科主任医师刘晓雁，号称“湿疹杀手”，有着30多年小儿皮肤疾病临床经验，专为头疼于宝宝湿疹久治复发的家长排忧解难。

01 你会区分湿疹与痱子吗

湿疹和痱子很容易混淆，有时候家长看到宝宝长湿疹，以为用点痱子粉，洗洗澡就可以了。其实不然，用错方式很可能弄巧成拙，加重宝宝病情。其实，痱子和湿疹都是皮肤的过敏反应，但家长可以根据它们的不同特征进行区分。

如何区分痱子和湿疹	
痱子特征	痱子是在温度高的情况下出现的，并且密集成片，疹形比较一致（小颗粒状）
	上面有发白的小尖
	痱子主要长在易出汗的部位，如胸背、肘窝、头部等

（续上表）

如何区分痱子和湿疹	
湿疹特征	湿疹出得比较慢，具有多形性
	湿疹伴有渗出液，形成痂皮
	湿疹可发生在任何部位，但多发生在面颊、前额、眉弓、耳后等

02 宝宝长湿疹有哪些危害

宝宝身上长了湿疹，看起来挺让人心疼的。那么，湿疹对宝宝有哪些危害？主要有以下几点：

（1）皮肤瘙痒，皮肤感染

宝宝长湿疹容易反复发作，而且湿疹会让宝宝全身剧烈瘙痒，导致皮肤被抓烂，容易合并皮肤感染。如果情况严重，还会导致宝宝全身感染，引起败血症和脓毒血症。

（2）影响生长发育

由于湿疹具有反复性，可能与一些食物过敏有关，也就限制了一些蛋白质的摄入，容易导致宝宝生长发育过程变得缓慢。所以，长湿疹会对宝宝的生长发育有一定影响。

（3）反复腹泻

由于出现食物过敏加湿疹的情况，一些宝宝会有反复腹泻，也会出现其他肠道病症。

所以，当宝宝身上出现湿疹的时候，家长千万别大意，做好护理工作才是关键。

皮肤瘙痒

生长发育迟缓

反复腹泻

03 给湿疹宝宝洗澡的注意事项

洗澡是护理湿疹宝宝的重要步骤。每天洗澡可以起到给皮肤保湿的作用，并可防止湿疹感染。那么，湿疹宝宝要如何洗澡呢?

●湿疹宝宝应该每天洗 1 次澡。室温不能保证的情况下，起码 1 周洗 2 次以上。如果是冬季，也要每周洗 2 次以上。

●湿疹宝宝洗澡，水温不超过 39℃，时间不超过 10 分钟。湿疹严重的宝宝洗澡时间不超过 5 分钟，否则会加重皮肤干燥，引起皮肤瘙痒。

●湿疹宝宝洗澡，不用或者少用沐浴乳。如果要用，应该选用不刺激、防过敏的宝宝沐浴乳，每周用 1 ～ 2 次。正确洗澡，是润肤、止痒、防止湿疹感染的好方法。

●湿疹宝宝洗澡后 3 ～ 5 分钟，要快速涂抹保湿乳。在湿疹急性发作期，可以在温水（偏凉）中浸泡 5 分钟，接着在湿疹严重部位抹上药膏，再大面积涂抹保湿乳。

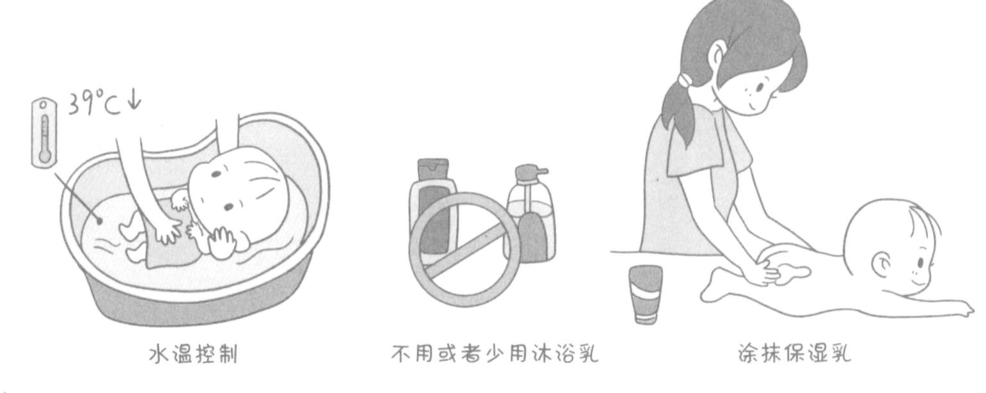

湿疹宝宝洗澡注意事项

育儿锦囊

宝妈问　宝宝长湿疹和开加湿器有关系吗?

专家答　舒适的气温和环境可以有效预防宝宝长湿疹，过湿和过干的房间环境都会影响宝宝的皮肤。家长要根据季节调节宝宝房间的湿度。湿疹宝宝的房间：冬季的相对湿度宜控制在 40% ~ 50%，夏季的相对湿度宜控制在 50% ~ 60%。

04 如何治疗湿疹

皮肤干燥是湿疹宝宝的最大元凶。宝宝长湿疹是因为皮肤屏障功能不好，水分保持差，皮肤有裂口，甚至导致组织液渗出。所以，对付湿疹，60% 靠润肤，40% 靠药物。治疗和预防宝宝湿疹的关键是保湿，大量涂抹保湿乳就能解决。

专家提醒

只要宝宝皮肤干燥、粗糙，就应该及时涂抹保湿乳。很多湿疹靠使用保湿乳就能治好，不需要特殊用药。

那么，保湿乳应该怎么涂？选用什么保湿乳比较好？涂多少才管用？

如果宝宝是轻度湿疹，家长无需太过担心，可以先给宝宝做好润肤工作，给宝宝大量涂抹保湿乳就可以缓解湿疹。家长可以选择各大医院开具的儿童用硅霜，可起到很好的润肤、保湿效果。

在用量上，涂抹的保湿乳量一定要足。专家说，90% 的家长给宝宝涂抹保湿乳的量远远不够。如果宝宝湿疹比较轻，保湿乳涂抹量每周应在 200 ～ 250 克。如果宝宝湿疹比较严重，推荐涂抹量每周为 250 ～ 500 克。

给宝宝涂保湿乳

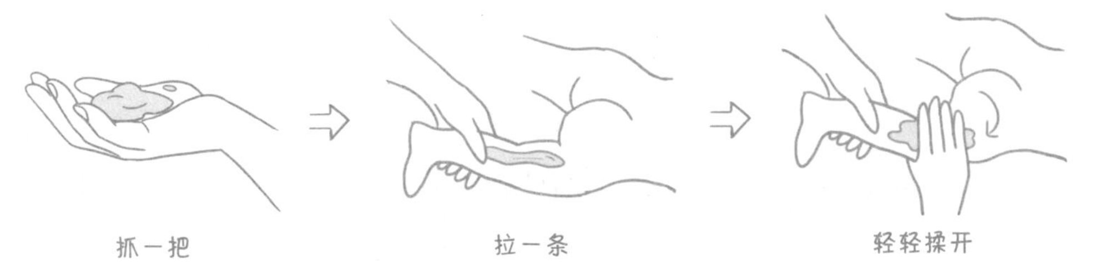

保湿乳这样涂

05 宝宝湿疹严重，能用激素类药膏吗

湿疹严重的宝宝到医院就诊，医生也许会开出一些激素类药膏。激素类药膏并不可怕。实际上，对宝宝严重湿疹的治疗，首选药物就是激素类药膏。只要在医生的指导下使用，针对病情，不同年龄选择不同的激素类药膏，就不会对宝宝造成伤害。

专家提醒

宝宝湿疹可以选择弱效或中效的激素类药膏，使用量1周不超过 20 克。同一部位同一种浓度的激素类药膏不要连续使用 2 周以上。

另外，对皮肤较薄弱的地方，如面部、腋下、外阴，不要连续使用超过1周。

专家育娃讲堂

宝宝湿疹严重时，许多妈妈看到宝宝娇嫩的皮肤结痂、渗水，既心疼，又束手无策。在这里，专家手把手教你在家就可以护理严重湿疹宝宝的涂药方法。

第一步：用纱布蘸中药洗液（双黄祛湿洗剂）或者 3% 的硼酸在湿疹部位湿敷，可以吸收渗液、清洁皮肤，起到消炎止痒的作用。值得注意的是，新生儿不适宜大面积使用。

第二步：用手把激素类药膏均匀地在自己手上涂开，抹在宝宝湿疹部位上。家长用手指比用棉签更好操作。

第三步：涂抹上一层保湿乳，起到保护皮肤和保湿的作用就可以了。

找对病因再处理，盲目止泻更伤身

主讲专家

沈　菁

北京美中宜和妇儿医院万柳院区儿科主任。北京协和医学院儿科学硕士，日本东京女子医科大学小儿心内科博士。曾任职于北京协和医院儿科 24 年。2015 年起入职美中宜和妇儿医院。现任北京医学会早产与早产儿营养学组委员。擅长早产儿及新生儿急救和管理、儿童内科疾病诊治。在婴儿喂养及营养指导、儿童早期综合发展指导方面有丰富的实践经验。

一到秋天，家长就开始犯愁，因为宝宝实在太娇弱，不太适应季节交替，很容易生病。拿宝宝腹泻举例，虽然这看起来不是什么大病，却足够让家长焦头烂额。给宝宝吃药吧，担心“是药三分毒”，怕伤了宝宝的身体；不给吃药吧，看着宝宝腹泻难受，又十分心疼。到底要怎么办好呢？还是跟着专家学起来吧。

01 如何判断宝宝有没有腹泻

还在母乳喂养的宝宝，其大便本身呈稀稀的状态。那么，怎样判断宝宝有没有腹泻呢？

当出现以下症状时，基本可以判断宝宝发生腹泻了。

- 排便次数较平时明显增加。
- 大便的水分较平时明显增加，出现水便分离的现象。
- 大便中出现血丝等不正常的物质。

02 宝宝为什么会腹泻

导致宝宝腹泻的罪魁祸首到底是什么？也许揪出这个罪魁祸首，家长就知道怎么从源头上预防宝宝腹泻了。宝宝腹泻的原因主要有以下 2 大类：

（1）感染性腹泻

感染性腹泻包括病毒感染，以及细菌、真菌、寄生虫和肠道外感染。其中病毒感染主要是轮状病毒、诺如病毒感染造成的宝宝腹泻。目前，轮状病毒性肠炎可以通过接种疫苗来预防。

（2）非感染性腹泻

非感染性腹泻跟宝宝消化功能没发育成熟有关，如母乳喂养妈妈自身的饮食与身体状态变化、宝宝对辅食不适应、季节变化、宝宝腹部着凉、宝宝看护人突然更换等多方面原因都可以引起。

如何判断腹泻宝宝是否有脱水	
轻度脱水	若大便次数比平时增多，尿量轻度减少，哭有泪，精神正常，属于轻度脱水
中度脱水	若大便次数明显增多，尿量减少，哭时泪少，烦躁，很想喝水，属于中度脱水
重度脱水	若腹泻不止，无尿，眼窝凹陷，嗜睡甚至昏迷，属于重度脱水

专家提醒

无论宝宝是哪种程度的腹泻，一旦出现中重度脱水、轻度脱水 3 天无好转，或者出现大便有脓血、发热不退、精神萎靡等情况，都应及时带他就诊。

育儿锦囊

宝妈问　如何从宝宝大便性状辨别腹泻类型？

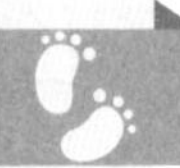

专家答　病毒感染性腹泻的大便：颜色浅黄，酸臭，水分多（水样便或蛋花样便）。

细菌感染性腹泻的大便：颜色深，恶臭，大便有黏液或者脓液、血丝等。

03 宝宝腹泻时该怎么处理

如果是轻度脱水，家长可以让宝宝在家休息并注意观察，主要是观察宝宝的精神状况和保持宝宝的尿量。当腹泻已经发生时，家长可以在家帮助宝宝缓解症状。

●保持宝宝的尿量：这时家长可以正常给宝宝进行母乳喂养，如果尿少，需要补充口服补液盐。

●宝宝轻度脱水，经过 2~3 天也没有好转的情况下，可添加益生菌、补锌，同时考虑就医。

宝宝腹泻时，锌的用量和方法：6 月龄以下的宝宝 10 毫克/日，6 月龄到 5 岁的宝宝 20 毫克/日。

宝宝腹泻后，一般需要补充锌 10 ～ 14 日。腹泻时，补锌可以缩短腹泻的病程，减轻病情并预防未来 2 ～ 3 个月内的腹泻复发。

育儿锦囊

宝妈问　宝宝腹泻后，需要使用抗生素吗?

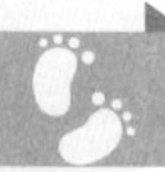

专家答　宝宝腹泻最常见的是急性腹泻，也就是感染性腹泻(病毒感染多见)，不需要使用抗生素。即使是少数细菌感染引起的感染性腹泻，也多是自限性的。只有极少数病情特殊的宝宝，才需要在医生指导下使用抗生素。

04 宝宝腹泻后，该怎么吃

不少人认为宝宝腹泻时应该给宝宝胃肠减轻负担，不能进食。其实这种说法是错误的。宝宝腹泻时胃肠道黏膜是受到损伤的，如果限制饮食，还可能加重宝宝脱水，出现低血糖、电解质紊乱等情况。

所以，腹泻宝宝一定不能停止进食，可以遵循少量多餐的规律喂食。那么不同阶段的宝宝，究竟应该如何喂养?

●母乳阶段：母乳阶段的宝宝一定不要停止母乳喂养，应坚持少量多餐。

●添加辅食阶段：不要停止母乳；辅食以流食或半流食为主，暂时不要添加新辅食。

●正常饮食阶段：宝宝腹泻时，以容易消化的食物为主。

还要注意，腹泻好转后，不要急于给宝宝吃大鱼大肉“补回来”，而是给宝宝娇嫩的胃肠道一点时间，用 3 ～ 5 天时间恢复到正常饮食。

坚持母乳喂养

以流食或半流食为主

以容易消化的食物为主

专家提醒

宝宝夏秋容易腹泻，家长应特别注意补充宝宝身体流失的水分，及时给宝宝适量口服补液盐和锌。在饮食上，给宝宝正常喂奶或少量多次地喂奶；辅食上，选择容易消化的食物，暂时不要添加新的辅食。

专家育娃讲堂

宝宝腹泻时，首选口服补液盐Ⅲ，家长可以按说明书一次性配好，让宝宝分次、适量饮用。如果没有口服补液盐Ⅲ，可以将口服补液盐Ⅱ稀释 1.5 倍后给宝宝服用。

（1）无脱水现象的腹泻宝宝

每次腹泻后口服补液盐的用量（少量、多次饮用）：

2 岁以内，50 ～ 100 毫升；

2 岁以上，100 ～ 200 毫升。

（2）轻中度脱水的腹泻宝宝

总口服补液盐用量应该为每千克体重 50 毫升，这个量需要在 4 小时左右少量多次喂给宝宝。

轻度脱水的症状和体征包括轻度的口唇发干、频繁口渴、尿量轻度减少（比如 6 小时内仅有 1 次小便）。

（3）重度脱水的腹泻宝宝

重度脱水的腹泻宝宝需要到医院，由专业医护人员进行静脉补液。重度脱水的症状和体征包括精神差、口唇发干、口渴、哭时泪少或者无泪、皮肤弹性不好、小便量少（比如小宝宝 4 ～ 6 小时、大宝宝 6 ～ 8 小时都没有小便）。

宝宝不是越肥越好，小胖墩也有风险

主讲专家

梁芙蓉

北京大学第一医院儿科主任医师，现兼任中国优生科学协会小儿营养专业委员会委员，北京妇幼保健与优生优育协会第五届理事，《中国儿童保健杂志》第五届编委会委员。主要从事儿童营养与发育咨询工作，如婴幼儿喂养及儿童慢性肾脏病膳食的指导等。勤于育儿科普教育，主编《中国育儿百科（0～3岁）》《宝宝不过敏烦恼少》等育儿科普书。

现在，很多爷爷奶奶都希望自己的孙子越胖越好。当然，许多妈妈可不这么认为。大多数妈妈也认为宝宝太胖并不是一件值得高兴的事。的确如此，若小时候就偏胖，成年后肥胖的概率高达75%；如果小时候体形正常，长大后肥胖的概率一般只有10%。只要稍稍想象一下日后肥胖给身体带来的危害，还有减肥的痛苦，家长就会为自己的胖宝宝感到担忧。

01 你家宝宝需要减肥吗

怎么判断自家宝宝是否肥胖？专家建议，2岁以上的宝宝采用儿童超重、肥胖筛查的常用指标——体质指数（BMI）作为肥胖的判断标准。

$$\text{BMI}=\frac{\text{体重（千克）}}{\text{身长（米）}}\ \text{或}\ \frac{\text{体重（千克）}}{[\text{身高（米）}]^2}$$

儿童 BMI 指数也叫体质指数，是目前国际上比较常用的衡量人体肥瘦程度，以及是否健康的指标，在临床上的应用比较广泛。

儿童的 BMI 在 P_{85} ～ P_{95} 为超重，超过 P_{95} 为肥胖。判断宝宝是否超重或者肥胖时，不同的年龄有不同的标准，比如以 3 岁为例，体质指数正常均值在 15.7，超过 16.8 为超重，超过 18.1 为肥胖。如果是 10 岁的儿童，体质指数正常均值为 17.0，超过 19.3 为超重，超过 22.2 为肥胖。因此，可以通过体质指数来判断宝宝的营养状况。

体重/身高曲线

那么，2 岁以下宝宝怎么判断体型？我们可以通过体重/身高曲线来监测。

2 岁以下宝宝体型健康的判断标准为：

●体重/身高的 SDS 在－ 2 ～ 2 以内为正常范围； 2 ～ 3 和－ 3 ～－ 2 之间则应进一步检查；大于 3 为肥胖，小于－ 3 为消瘦。

●生长曲线平滑，呈平行增长趋势。若生长曲线波动过大，要及早去医院检查。

宝宝肥胖的原因

总体来说，宝宝肥胖的原因是摄入过多，消耗较少。具体而言，有以下 3 个方面的原因。

（1）宝宝生下来就是巨大儿

有的妈妈认为宝宝生下来越大越好，怀孕时吃得太多，结果宝宝一出生便是个超重的小胖子。

（2）宝宝生下来特别小，小于胎龄儿

这样的宝宝容易出现内分泌紊乱，个子长得慢，体重长得快，以后可能是肥胖的高发人群。

（3）家长双方都胖的，宝宝胖的概率会比较高

家长一方胖的，宝宝发生肥胖的概率也比其他同龄宝宝高。也就是说，肥胖有一定的遗传因素。

02 宝宝最易发胖的 3 个关键时期

胖宝宝不是一天长成的。不过，你们知道宝宝最容易发胖的 3 个关键时期吗？如果家长没有在这 3 个时期做好监测和控制，宝宝一不小心就会长成小胖子。

第一个关键期：婴儿时期

提倡按需喂养，但家长要注意判断宝宝的需求，不要一哭就喂奶，久之容易造成过度喂养。

第二个关键期：学龄期

宝宝在幼儿园已经吃过午饭、晚饭，但回到家很容易又跟着家长吃一顿晚饭或者夜宵，导致宝宝摄入过多，引起肥胖。

第三个关键期：青春期

这是孩子生长发育最快的时期之一，这时的孩子胃口大开，家长一定要注意控制孩子摄入高油、高糖、高脂肪等垃圾食品，一旦摄入过多，极易导致孩子发胖。

专家提醒

婴儿时期和青春期是孩子生长发育的易胖关键期，家长要定期监测孩子的身高、体重。

03 宝宝如何科学减肥

方法1：饮食

胖宝宝多数贪吃，胃容量较正常宝宝大。控制宝宝体重的第一步是控制食量。在当前超量饮食的基础上，逐步缩减食量，最终达到每顿饭七分饱的状态，并且要有质量，不能光有数量。

宝宝养成良好的饮食习惯非常重要。胖宝宝在吃饭的时候总是狼吞虎咽，吃得太快，容易吃得过多，因此家长要教宝宝在吃饭的时候细嚼慢咽。

育儿锦囊

宝妈问　怎么判断宝宝吃饱了？

专家答　一般宝宝不愿意吃了，拒绝吃了，就代表吃饱。对于胖宝宝，家长可以改变其进食顺序，先喝点汤，吃点蔬菜，再吃主食、肉类等，这样，总的摄入量会减少。慢慢地，宝宝的胃部会恢复正常消化功能，自然不会吃得那么多了。

改变不良的饮食行为和饮食习惯，对胖宝宝来说非常重要。

方法2：运动

家长要根据宝宝的实际情况制定适合宝宝年龄的运动。小宝宝可以多练习趴，大一点了可以多练习爬，再大一点可以适当多走走，更大一点的宝宝还可以游泳、打篮球、踢足球、打羽毛球等。

同时，家长要选择宝宝喜欢并能坚持下来的运动，避免剧烈运动和过度运动。如果没有特别喜欢的运动，家长可以陪同宝宝快走。

专家育娃讲堂

宝宝可以吃零食吗？会不会增加宝宝成为小胖墩的风险呢？

合理的零食摄入对增加宝宝幸福感很重要，但是选择也要在总食物摄入量的基础上。家长在给宝宝选择零食时，要避免选择垃圾食品，不要把零食作为奖励，这样会让宝宝潜意识里认为零食是好东西，会没节制地吃，从而影响正常饮食及发育。

宝宝发热很常见，正确应对少受罪

主讲专家

康小会

首都儿科研究所附属儿童医院呼吸内科副主任医师。擅长儿童慢性咳嗽、哮喘等咳喘性疾病，变态反应性疾病，以及肺炎等呼吸道感染性疾病的诊治。2019 年在 *World Journal of Pediatrics* 上发表 1 篇 SCI 论文。1995 年至今，承担临床教学工作。

宝宝发热是家长经常会碰到的事情。所以，家长都在家里准备了各种各样的体温计，还学习各种退热偏方。可是，你们知道吗，用错方法不仅不能退热，甚至会危及宝宝性命？那么，宝宝发热时到底应该怎么办？不要着急，好好看看这篇文章，在下一次宝宝发热时，就不再手足无措了。

01 宝宝体温如何测？多少才算是发热

家长怎么知道宝宝发热了呢？除了感觉到宝宝身体发热，最重要的还是靠体温计测量。不过，家长要注意，并不是所有时间都适合测量体温的。

不适宜测量体温的时间：

- 宝宝刚玩耍完。
- 宝宝刚哭闹完。
- 宝宝刚吃完奶后。
- 宝宝刚睡醒。

一般来说，家长如果觉得宝宝发热了，先要安抚宝宝情绪，使其安静半小时左右，再给他测量体温。

体温多少算发热

体温超过 37.5 ℃	属于发热，口温、额温达到 38 ℃
体温 37.5 ~ 38 ℃	属于低热
体温 38 ~ 39 ℃	属于中度发热
体温超过 39 ℃	属于高热
体温超过 41 ℃	属于超高热

02 你给宝宝测量体温的方法正确吗

很多妈妈认为，测量体温人人都会，没什么特殊讲究。其实，测量体温的正确方式是这样的：

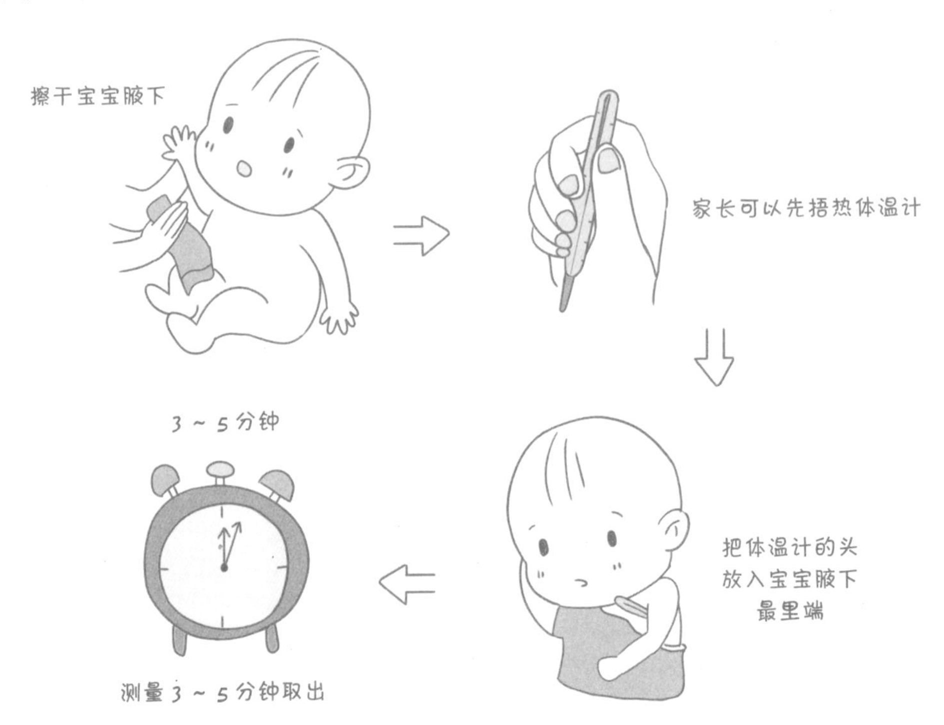

专家提醒

水银体温计只适用于宝宝腋温的测量，千万不要把水银体温计放在宝宝的口腔或肛门测量温度。水银体温计刻度甩到 37.5 ℃以下就可以了。虽然口温和肛温更接近人体真实的温度，但是生活中仍然推荐测量腋温。

育儿锦囊

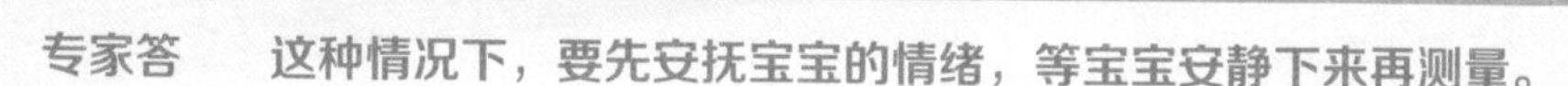

宝妈问 我家宝宝发热时，给他测量体温，他很抗拒，怎么办？

专家答 这种情况下，要先安抚宝宝的情绪，等宝宝安静下来再测量。

03 这些发热偏方和误区，你也入坑了吗

宝宝一发热，家长开始手忙脚乱，想着赶紧给宝宝退热，让他感觉舒适一些。为了应对发热，家长也都有自己的“妙招”。可是，你们的方法都用对了吗？有没有被这些方法坑过呢？

误区 1：捂汗

宝宝发热时捂汗，往往越捂越热，容易造成捂热综合征，还容易诱发高热惊厥，非常危险。宝宝高热时，往往肢体循环变差，确实可能出现头部发烫、手脚冰凉的情况，但不能一味盖被子或添加衣服。

正确的做法应该是把宝宝的衣服略微解开，让宝宝的身体充分散热，而手脚部位则要适当保暖。

误区 2：房间不要透风

宝宝发热很多情况是细菌感染，如果房子不透风，则不利于宝宝康复。要保持室内空气流通，天冷的时候也要尽量开一个小窗口。

误区 3：冰敷身体

冰敷身体可能会引起宝宝皮肤的毛细血管收缩，阻碍散热，体温越敷越高，冷热温差大，让宝宝更不舒服，还特别容易引起畏寒、寒战等状况。

误区 4：酒精擦身退热快

用“酒精挥发散热”这招降温已经过时了。宝宝皮肤薄嫩，皮肤发育不完善，皮下血管丰富，加上持续高热，全身毛细血管处于扩张状态，这时涂在皮肤表层的酒精有较高的吸收能力。酒精将透过宝宝的肌肤被血液吸收，很容易引起酒精中毒。

04 发热之后，正确的处理方法是什么

宝宝发热时，家长首先可以采用物理降温法。那么，什么情况下可以采用物理降温？

- 宝宝精神状态尚可。
- 体温不超过 38.5 ℃。

家庭常用的物理降温方法

（1）多喝温水

给宝宝多喝水，补充体液，这是最基本的降温方法，适合于所有发热的宝宝。不要给宝宝喝冷水，因为宝宝发热时经常伴有胃肠道症状和咳嗽，喝冷水会加重这些症状。所以，要给宝宝多喝温水。

（2）温水浴

水温比患儿体温低 3 ～ 4 ℃，每次洗温水浴 5 ～ 10 分钟。很多家长认为宝宝发热就不能洗澡，其实恰恰相反，给宝宝洗个温水澡，可以帮助散热降温。温水浴适合所有发热的宝宝。

（3）低温室法

将患儿置于室温约为 24 ℃的环境中，使其体温缓慢下降。为使其皮肤与外界空气接触，以利于降温，需少穿衣服。有条件者，可适当开空调来降低室温。这种方法适用于 1 月龄以内的小宝宝，特别是夏天，只要把小宝宝的衣服敞开，将他放在阴凉的地方，体温就会慢慢下降。如果宝宝发热时伴随畏寒、寒战，则不能使用低温室法。

专家育娃讲堂

专家推荐的物理降温法：洗澡 + 擦拭身体。具体操作方法如下：

宝宝发热时体温没超过 38.5 ℃，家长可以在家采取物理降温的方法给宝宝降温。

家长可以准备 37 ℃左右的温水，用水把毛巾浸湿，主要擦拭宝宝皮肤比较薄的地方，如颈下、腋下、大腿根处。这些部位的皮下毛细血管较多，能起到快速散热的效果。擦拭约 5 分钟，之后可以给宝宝适量喝一些温水。

洗温水澡可以清洁宝宝皮肤，避免汗腺阻塞，还可以帮助宝宝身体散热，缓解因发热产生的不适感。

宝宝发热时出现这些情况要尽快就医

- 3 月龄以下的宝宝发热超过 38 ℃，伴有精神不好、不爱吃奶的表现。
- 3 月龄到 3 岁的宝宝高热达 39 ℃ 以上。
- 宝宝不能喝水，或出现惊厥。
- 宝宝精神状态差，嗜睡或不易叫醒。
- 宝宝呼吸时有喉鸣音。
- 2 岁以下宝宝发热超过 24 小时，或 2 岁以上宝宝持续发热 72 小时。

宝宝总犯感冒，家长先反思这几点

主讲专家

严 虎

复旦大学儿科学博士。1996 年开始从事儿科临床工作，秉承循证医学理念。目前任卓正医疗上海诊所儿内科医生。

说到感冒，妈妈是不是觉得自家宝宝动不动就流鼻涕、咳嗽、打喷嚏，甚至发热。尤其是在换季的时候，有的宝宝甚至每个月都要感冒 1 次。家庭小药箱里总是备着止咳、止鼻涕的感冒药，还有退热药、抗病毒药物、抗生素。

01 感冒到底是怎么回事

宝宝流鼻涕、咳嗽、打喷嚏，妈妈就认为宝宝感冒了，其实未必！如果宝宝是过敏性鼻炎，也会经常打喷嚏、流鼻涕，症状和感冒相似。那么感冒的真相是什么？

感冒是一种自限性上呼吸道病毒感染

所谓自限性疾病，即在疾病发展到一定阶段后能停止进展，然后逐渐恢复，靠自身免疫就可痊愈的疾病。感冒就是这样一种自限性疾病。比如感冒的常见症状有咽痛、流涕、咳嗽、发热，这些症状有不同的出现时间和持续时间。

咽部不适往往最早出现，但也就持续 1 ～ 2 天；而发热往往反复 2 ～ 4 天，不过大约有 15% 的宝宝感冒后会发热。流涕、咳嗽最常见，持续时间也最久，可能会持续 10 ～ 14 天，但通常病程持续 7 天左右即呈现缓解趋势，病程 10 日后明显减轻。

如果宝宝的症状明显偏离上述规律，就要提高警惕，这并非感冒，或者是并发细菌感染等，需要就医评估。

育儿锦囊

宝妈问 既然感冒可以自愈，如果宝宝感冒，是不是不用管了，更不用给宝宝吃药了？

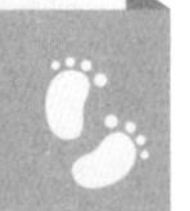

专家答 如果宝宝只是普通感冒，通常会痊愈，不需要服用感冒药、止咳药、抗生素和抗病毒药物。如果宝宝鼻塞严重，可以使用海盐水喷鼻，配合吸鼻器清理，以保持鼻腔通畅，缓解鼻塞造成的吃奶困难和睡眠困难。另外，如果出现并发症，比如中耳炎、鼻窦炎等，就要及时干预。

02 感冒的三大传播途径要知道

家长都知道感冒是会传染的。可是，你们知道感冒是通过哪些途径传播的吗？只有了解了感冒的传播途径——呼吸道飞沫传播、密切接触传播、接触污染的物品，才能做到防患于未然。

病毒通过飞沫或者接触传播，飞沫一般通过咳嗽、打喷嚏喷出，它在空气中的传播距离有限，一般是 1～2 米。一个人打喷嚏，如果不注意拿手遮挡，病毒就会污染周边环境，比如污染门把手、电梯按钮等。如果另一个人接触以后不洗手就揉眼睛、抠鼻子，病毒就可以通过接触的方式传播下去。所以，勤洗手特别重要。

另外，为了避免密切接触传播，要和感冒者保持安全的距离。

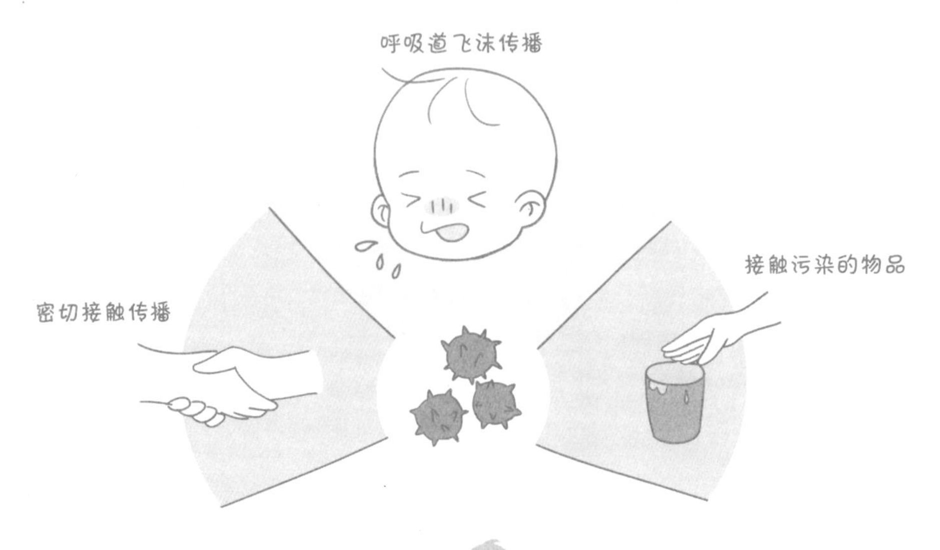

感冒的日常护理

- 如果发热导致宝宝十分不适，比如哭闹不安或不愿进食，可使用退热药。
- 宝宝感冒鼻塞时，要用生理盐水、海盐水喷鼻。
- 积极哺乳，或鼓励宝宝多摄入液体。
- 如果空气干燥，可使用加湿器维持环境相对湿度在 50% ～ 60%。

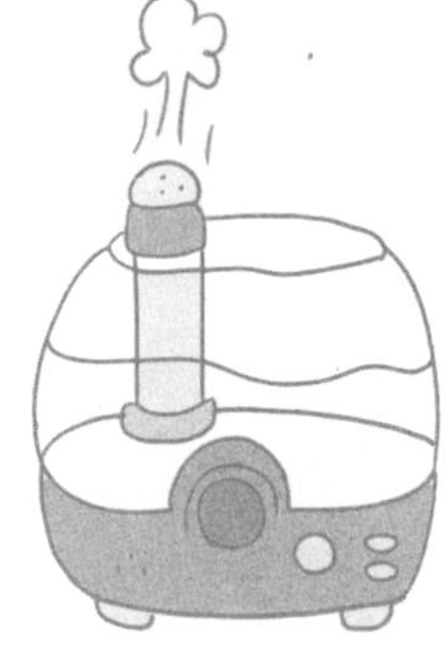

专家育娃讲堂

呼吸系统以环状软骨上缘为界，分为上呼吸道和下呼吸道。上呼吸道包括鼻、咽、喉，而下呼吸道包括气管、主支气管及肺内的各级支气管。从功能上讲，上呼吸道具有通气、加温、湿化及净化空气的功能，下呼吸道具有通气和换气的功能。

上呼吸道感染，多数是病毒感染，少数是细菌或者支原体等感染。感冒属于上呼吸道感染疾病。

你知道宝宝感冒的频率吗

6 岁以下宝宝平均每年感冒 6～8 次，从 9 月至次年 4 月，也就是秋、冬、春季，宝宝可能出现频繁的感冒，甚至每月 1 次。这也是正常现象，家长无需过分担心。

03 什么情况提示宝宝出现并发症

如果宝宝一开始不发热，只有上呼吸道感染的症状，比如咳嗽、流涕、声音发哑等，而病程后期（通常是数日后）出现发热，称为新发发热。

复发发热，指病程一开始有发热，可伴随呼吸道症状，发热中断（体温正常）数日后，又再次出现。因为两次发热之间有“数日”体温正常的间隔，所以称为复发发热。

如果出现这两种发热模式，就要警惕一些特殊情况。

新发发热和复发发热，通常有以下 3 个原因：

- 本次感染并未完全被人体控制，病情出现了波动，免疫系统再次使用“杀手锏”——发热，对抗病原体。
- 短时间内发生了第二次感染，比如被另一种病原体感染。
- 病毒感染后出现继发性细菌感染。

专家提醒

除了新发发热或复发发热，家长应密切观察宝宝的感冒症状是否出现了偏离，这也是判断宝宝是否出现并发症的线索。

比如病程1周左右，咳嗽、流涕的症状本该逐渐缓解，现在却明显加重，就要警惕继发细菌感染，如细菌性鼻窦炎；如果病程中出现明显的耳痛，就要警惕出现中耳炎。

04 感冒的用药误区知多少

家长给宝宝准备的小药箱里总是少不了各种对付小儿感冒的法宝，如抗生素、抗病毒药物、维生素C等。这些法宝真的有效吗？有关感冒用药误区，你们都知道吗？

●抗生素。普通感冒是病毒感染，抗生素治疗无效，滥用抗生素可能会导致宝宝肠道菌群紊乱等不良反应。

●抗病毒药物。导致普通感冒的常见病毒是鼻病毒，目前没有证据证明抗病毒药物对治疗普通感冒有效。

●维生素C和锌制剂。二者均没有治疗感冒的作用。

预防感冒4小点

勤洗手

多锻炼

多通风

离人群

专家育娃讲堂

七步洗手法

第一步：掌心相对，手指并拢，相互揉搓。

第二步：手心对手背，沿指缝相互揉搓。

第三步：掌心相对，双手交叉，沿指缝相互揉搓。

第四步：手握拳，在另一手掌心旋转揉搓。

第五步：一手握住另一手大拇指，旋转揉搓。

第六步：5 个手指尖并拢，放在另一手掌心揉搓。

第七步：洗手腕。

想要彻底清洗，每个步骤的搓洗时间不要少于 15 秒。

宝宝肠胀气、肠绞痛，这样处理少哭闹

主讲专家

严　虎

复旦大学儿科学博士。1996 年开始从事儿科临床工作，秉承循证医学理念。目前任卓正医疗上海诊所儿内科医生。

宝宝吃奶正常、尿便正常、体温正常、体重增长正常，却总睡不安稳，扭来扭去，时不时还哭得满脸通红，看上去很不舒服，这可急坏了妈妈。

宝宝哭闹，有时是因为身体不适，有时是有特殊需求，比如饿了、尿了、排便便了，而有时实在不知道他为什么哭，但放个屁就安静了，这时候就可能提示宝宝有肠胀气。

01 宝宝莫名哭闹的原因之一：肠胀气

肠胀气，即肠道有较多气体，其实各年龄段的人都可能出现肠胀气，可是婴儿相对多见，往往还会伴随哭闹，让家长十分担心。

宝宝肠胀气有哪些表现

●睡觉不踏实，手和腿会时不时蜷缩起来，哼哼唧唧，有时脸憋得很红。

●反复吃奶。含上乳头就不哭闹了，但是吃几口之后又开始哭闹，拒绝再吃。过一会儿又要吃，吃两口又不吃。如此循环。

●突然剧烈地哭闹，肚子“咕噜咕噜”作响。肛门排气后，宝宝往往会安静下来。

宝宝为什么会发生肠胀气

●频繁哺乳，总是短时间吃前奶。

●可能吃进去较多空气。相对于奶瓶来说，母乳喂养的宝宝吞咽空气的可能性较低。

●添加辅食的宝宝进食较多容易产气的食物，比如根茎类、西蓝花、豆类等。

●部分宝宝在消化道病毒感染后出现继发性乳糖不耐受，进食含乳糖的乳制品后，可出现肠胀气。

●妈妈的饮食是否会导致母乳喂养的宝宝发生肠胀气，这有一定争议，目前认为可能性不大。除非妈妈发现自己一吃某种食物，宝宝就会出现肠胀气，则可以考虑暂时回避这种食物。

专家育娃讲堂

每个宝宝都会哭闹，但是宝宝的哭闹其实是有规律的：

●2 周大的宝宝，大概每日哭 2 小时。

●1 ~ 1.5 月龄的宝宝每日哭 3 小时左右。

●1 ~ 2 月龄宝宝有不明原因的哭闹，和饥饿没有关系，就是单纯哭闹，称为生理性哭闹期。

●若宝宝不明原因地哭闹，但身体无异常表现，就要考虑肠胀气或肠绞痛。

怎么帮助宝宝缓解肠胀气

宝宝发生肠胀气后，妈妈可以使用以下方法帮助宝宝缓解肠胀气，让宝宝舒服一些。

●给宝宝喂奶后，竖抱 10 ～ 20 分钟。

●避免一哭就给宝宝喂奶，避免短时间安慰性哺乳。

●给宝宝服用西甲硅油缓解肠胀气，有一定争议，可咨询医生后再决定是否服用。西甲硅油是一种可能有助于肠道气体排出的非处方药，总体是安全的，但长期服用，会有部分药物残留在宝宝肠壁，可能影响其营养吸收，故不建议长期服用。

下列 2 个方法用于缓解肠胀气虽然证据不足，但对宝宝应该没有危害，可以适当尝试：

●飞机抱。让宝宝趴在妈妈手臂上，有利于排除宝宝胃内空气。

●排气操三步走。

因考虑到婴儿俯卧位睡眠和婴儿猝死有很强的相关性，所以务必避免刻意置婴儿于俯卧位缓解肠胀气。

排气操三步走

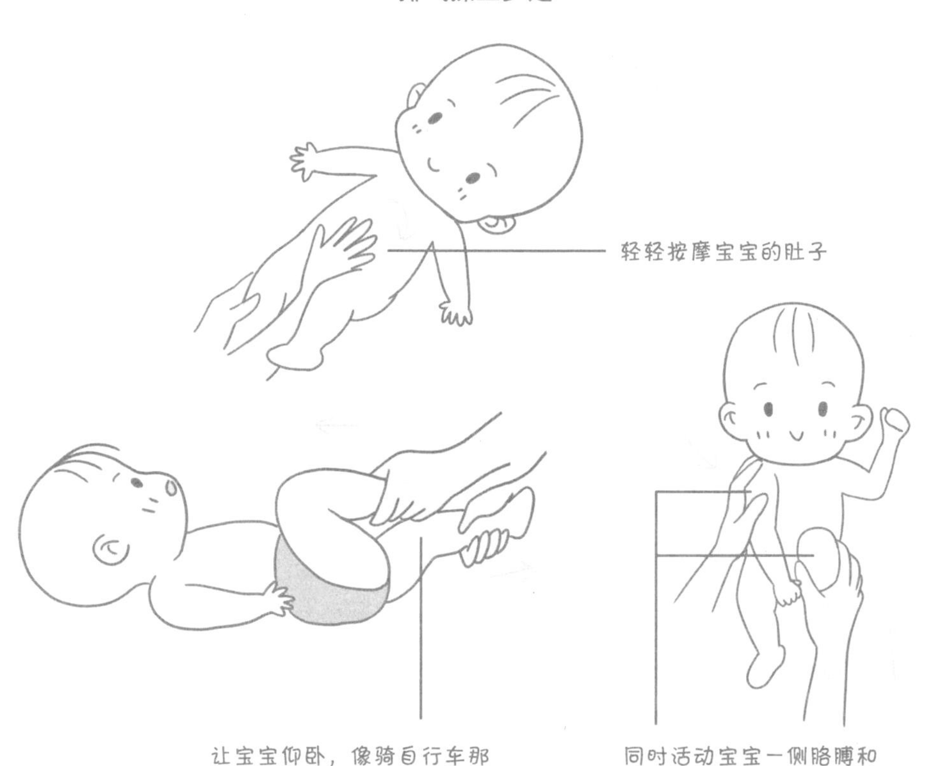

02 宝宝莫名哭闹的原因之二：肠绞痛

3 月龄以内的小宝宝莫名地剧烈哭闹，怎么安慰也不能平静，可哭闹一段时间后，又慢慢安静下来。第二天又接着哭闹起来，怎么也哄不好。如果遇到这种情况，家长会非常担心，生怕宝宝有什么特殊疾病。其实这种现象并不少见，最有可能就是肠绞痛，又称肠痉挛。

怎么判断宝宝哭闹是不是因为肠绞痛

关于肠绞痛，请记住“333 原则”：平时身体健康的 3 月龄以内婴儿，每日连续不明原因哭闹 3 小时，每周达到 3 日以上，就可考虑为肠绞痛了。以下为宝宝肠绞痛时的常见表现，供家长参考。

宝宝肠绞痛的症状

（1）莫名哭闹

宝宝通常在一天的某个固定时间哭泣，大多在傍晚或午夜，有时持续几个小时，哭声响亮。

（2）腹部隆起

如果宝宝躺着，腹部比胸膛还高。妈妈触摸的时候会感到很硬。

（3）无法入睡

肠绞痛可能会使宝宝烦躁不安，无法入睡。

（4）面部潮红或白色

宝宝在发生肠绞痛而哭闹时，往往面色发红，但严重的肠绞痛会导致宝宝暂时面色苍白，手和脚蜷缩到腹部，感觉很痛苦一样。

（5）握拳踢腿

部分宝宝可能在哭闹时伴随握紧拳头和踢腿等动作。

宝宝为什么会发生肠绞痛

肠绞痛原因不明，推测可能和宝宝的肠道发育不成熟，或喂养不当，或对牛奶蛋白过敏，或个体体质，或肠道菌群异常等有关。

肠绞痛通常不影响宝宝的生长发育，但会导致家长特别焦虑。所以对异常哭闹的宝宝，建议就医评估。

如果怀疑宝宝的异常哭闹是牛奶蛋白过敏导致的，那么母乳喂养儿的妈妈可尝试饮食回避牛奶蛋白和大豆蛋白。配方奶喂养儿可以尝试换吃氨基酸配方奶粉和深度水解奶粉，再观察宝宝的哭闹有无改善。

另外，需要监测宝宝的生长发育和运动发育情况。如果宝宝生长发育正常，妈妈就不用担心。

育儿锦囊

宝妈问 如果宝宝莫名地剧烈哭闹，也许宝宝真的是哪里不舒服了。那么，妈妈要怎么做呢？

专家答 宝宝莫名哭闹，妈妈首先要注意检查以下情况：

●完全暴露身体，检查宝宝身体是否有被缠绕、身体表面有无红肿异常。

●观察宝宝会阴部和大腿根部是否有凸起的包块。

●观察宝宝是否有血便和频繁呕吐；如果有，应立刻就医。

专家提醒

宝宝因肠绞痛哭闹时，不要急着给宝宝喂奶，否则容易造成乳糖不耐受，引起肠胀气，加重不适。

03 宝宝肠绞痛的家庭护理

下面教给大家针对宝宝肠绞痛的实用家庭护理方法，家长可以试一试。

●给宝宝使用安抚奶嘴。

●给宝宝洗个澡。

●把宝宝放在婴儿背带里轻轻摇晃。

●给宝宝换个舒适的环境。

●播放心跳声、白噪声。洗衣机的声音、电吹风的声音等白噪声，对宝宝来说，就像当时在妈妈子宫里的“乡音”，会起到一定的安抚作用，让宝宝容易入睡。白噪声对安抚 3 月龄以内的宝宝比较管用。目前有的手机可以安装白噪声应用程序，可以尝试播放。播放白噪声时需要注意音量，以免损伤宝宝的听力。

先辨清各种咳嗽，盲目止咳更难受

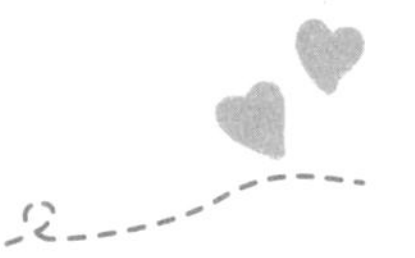

主讲专家

康小会

首都儿科研究所附属儿童医院呼吸内科副主任医师。擅长儿童慢性咳嗽、哮喘等咳喘性疾病，变态反应性疾病，以及肺炎等呼吸道感染性疾病的诊治。2019 年在 *The World Journal of Pediatrics* 发表 1 篇 SCI 论文。1995 年至今，承担临床教学工作。

常言道“十个宝宝九个咳”，因为宝宝的呼吸道还很脆弱、发育也不完善，所以宝宝动不动就会出现呼吸系统的疾病。很多小宝宝晚上咳，甚至连续咳嗽好长时间，明明喉咙里有痰，却又不会吐出来，真是让家长着急啊。

01 宝宝咳嗽到底是什么原因引起的

咳嗽是一种人体对抗病菌的防御反应。人通过咳嗽，可以排出呼吸道中的病菌、黏液及其他刺激物。一些脏东西，如油烟，如果进入呼吸道，人体就会通过咳嗽把这些脏东西排出来。所以，咳嗽是人体的一个防御反应。

有病症表现的咳嗽一般是由感染引起的，但这种感染都属于轻症。很多宝宝都是病毒感染，病毒感染属于自限性疾病，可以自愈，所以妈妈不用太紧张。

02 为什么宝宝感冒时多出现咳嗽

家长发现，宝宝只要一感冒，就会咳嗽，这也是最让人头疼的事。那么，为什么宝宝一感冒就会咳嗽呢？主要有 3 点原因：

●很多宝宝感冒后，鼻液会后流，从而对咽喉部和呼吸道产生刺激，引发咳嗽。

●病毒感染后，呼吸道敏感性增高；而且宝宝的呼吸道黏膜柔弱，缺乏有效的自身保护和防御功能，对外界刺激比成人敏感，更容易诱发咳嗽。

●宝宝全身和局部的免疫功能不全，呼吸道和肺部尚在发育过程中，抵抗能力弱，咳嗽容易反复发作。

03 你知道宝宝属于哪种咳嗽吗

咳嗽是人体的一种防御反应。如果是短期咳嗽，且宝宝精神状况良好，妈妈并不用过于担心。如果宝宝咳嗽比较严重，在去医院就诊和喂药之前，家长可以自行分辨宝宝属于哪种类型的咳嗽。

干咳	呛到异物或由环境因素引起，过敏性咳嗽和哮喘性咳嗽都属于干咳
湿咳	有痰，多由呼吸道炎症引起
急性咳嗽	病程 2 周以内的咳嗽
慢性咳嗽	病程大于 4 周的咳嗽

育儿锦囊

宝妈问 怎样区分宝宝的咳嗽是肺炎引起还是上呼吸道感染引起？

专家答 主要区分咳嗽的轻重。轻症的咳嗽，即使是肺炎，有一部分也可以自愈。如果是咳嗽声音很重，甚至出现憋气，即使是上呼吸道感染或者喉炎，同样也会有生命危险。所以作为家长，把握或区分宝宝咳嗽的轻重程度就足够了，到底是什么病症，应该由医生来诊断。

用这些方法帮助宝宝止咳

●咳嗽的宝宝要多喝温水，不建议喝凉水，凉水会刺激宝宝咽喉。

●可以适当喝些梨水、苹果水，但不要太甜。

●可以适当服用蜂蜜水，但 1 岁以内的宝宝不能食用蜂蜜。

●可以在医生指导下服用幼儿咳嗽糖浆、止咳药来缓解宝宝咳嗽，但 1 岁以内的宝宝要在医生指导下使用。

●家长不要给宝宝自行服用抗生素，普通咳嗽更无需使用抗生素。用药前建议咨询专业医生。

专家提醒

给宝宝拍痰的正确方法如下：

●让宝宝躺在床上，或让宝宝头朝下，趴在腿上。

●拍痰和拍嗝不同，拍痰时手部呈空心，形成杯状。

●叩拍的声音为空心音。

●拍痰的力度要相对大一些，速度也可以快一些。

04 通过宝宝呼吸次数辨别肺炎

肺炎并不一定会发热，是否患有肺炎，要去医院检查才能确诊。担心宝宝有肺炎的家长，可以通过呼吸次数辅助判断。家长要及时注意观察宝宝的呼吸状况，如果宝宝呼吸过快，有可能提示肺炎。

呼吸过快的指征：

●3 月龄以内的宝宝每分钟呼吸超过 60 次。

●3 ～ 12 月龄的宝宝每分钟呼吸超过 50 次。

●1 岁以上的宝宝每分钟呼吸超过 40 次。

出现这些症状尽快就医

3 月龄以内的宝宝咳嗽，应立即带他就医

咳嗽突然出现，伴有发热，精神状态变差，立即就医

有难闻的绿色浓痰、咳嗽带血，应立即就医

呼吸困难、胸部疼痛，伴有喘鸣，应立即就医

呕吐或皮肤青紫，影响进食和睡眠，应立即就医

专家育娃讲堂

宝宝出现哪种咳嗽需要做雾化吸入？

普通咳嗽的宝宝没有必要做雾化治疗。如果宝宝只是普通咳嗽，家长通过日常护理就可以帮助宝宝自愈。如果是北方干燥的秋冬季，家里可以放一个清洗干净的空气加湿器，并多给宝宝喝水。

如果宝宝咳嗽很严重，引起支气管痉挛或者宝宝有明显的哮喘，就可以考虑雾化吸入。雾化使用的药物都是微量激素、支气管扩张剂，还有一些化痰药。雾化治疗所需的药物剂量少，出现不良反应的可能性大大降低，但是否需要使用，建议先咨询专业医生。

正确处理常见皮肤病，还宝宝一身舒爽

主讲专家

刘晓雁

首都儿科研究所附属儿童医院皮肤科主任医师。擅长湿疹、特应性皮炎、银屑病、小儿妇科、血管瘤、血管畸形的综合治疗（包括药物治疗、激光治疗、光动力治疗等）。近年来，在小儿皮肤外科治疗方面有所侧重，尤其是新生儿及婴幼儿皮肤肿物（色素痣、皮脂腺痣）的手术治疗。

宝宝皮肤特别娇嫩，让人忍不住想要摸一摸。正是由于宝宝皮肤太娇嫩了，常常出现皮肤问题，要么出疹子，要么瘙痒，家长看着都心疼。到底该怎么办呢？这些小疹子会让宝宝不舒服吗？为了对付这些小疹子，家长去药店购买各种药膏。有时候，这些药膏并不能奏效，甚至越用，宝宝皮肤状态越差。

01 宝宝皮肤脆弱的秘密

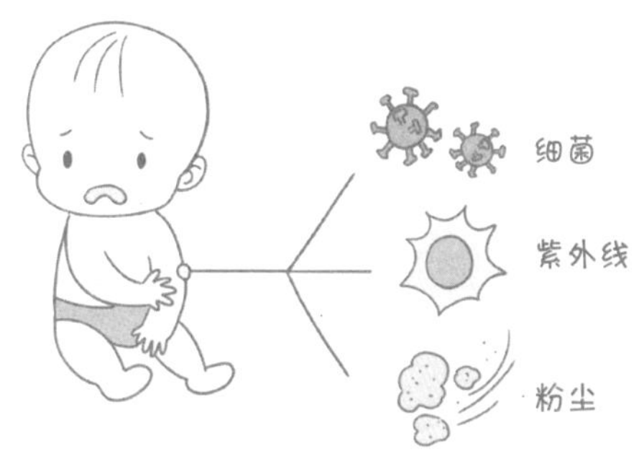

宝宝的皮肤厚度只有成人的1/3，皮肤角质层薄，屏障功能弱，调节酸碱平衡的能力差，需要3年的时间才可发育到与成人相同的水平。然而，在0～3岁间，宝宝娇嫩的皮肤却会受到细菌、紫外线、粉尘等的侵害，很容易引起各种皮肤问题。

随着宝宝一天天长大，皮肤的保湿活性逐渐降低，皮肤的保湿能力及健康状态更多依赖于皮肤功能的完善程度。所以，如果家长没有给宝宝做好护肤工作，各种皮肤问题就会接踵而至，让宝宝倍感难受。

02 分清宝宝六大皮肤问题，对症处理

一般来说，宝宝的皮肤问题包括以下 6 种。家长一定要分清楚宝宝的皮肤属于哪一种问题，才能对症处理。

湿疹

症状：发红、脱屑、渗液。婴儿湿疹是一种比较常见的宝宝皮肤病，宝宝皮肤屏障功能差，接触过敏原、皮肤过于干燥等都可能引发湿疹。患儿湿疹部位皮肤粗糙、变红，有一片一片的疹子；有的患儿湿疹部位皮肤潮湿，或者有一些水样液体渗出。

治疗：多涂抹保湿乳，严重的可以使用中效或弱效的激素类软膏。

荨麻疹

症状：俗称风疹块，属于常见皮肤病，它是由于皮肤、黏膜、小血管扩张及渗透性增加而出现的一种局限性水肿反应。凸出皮肤表面，大小不等，颜色为红色。这种疹子一般不会持续出现超过 24 小时，但会反复发生新的皮疹，主要是皮肤发红，伴随或不伴随肿胀。

治疗：可以使用西替利嗪滴剂、氯雷他定糖浆，也可涂抹炉甘石洗剂来止痒。

新生儿痤疮

症状：多长在额头、脸颊，以黑头粉刺、丘疹的形态出现。新生儿痤疮病因尚不明确，病程达数周至数月不等，具有自限性。若没有特殊临床表现或并发症，不需要治疗。

治疗：不痛不痒，无需特殊治疗，可自愈。

粟粒疹

症状：多长在前额、眼睛、鼻子、外耳，以 1 ～ 2 毫米的黄白色丘疹形态出现。很多宝宝出生以后可能都有粟粒疹。新生儿粟粒疹是皮脂腺堵塞导致的，不需要特殊处理。

治疗：过一段时间，这些小疹子便会自行消失。家长只要保持宝宝局部皮肤的清洁、干燥就可以了。

脂溢性皮炎

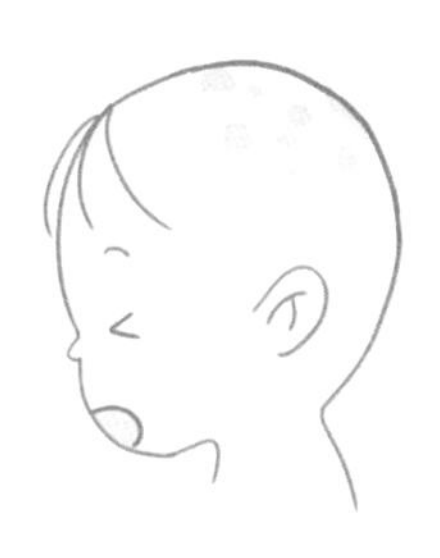

症状：长在两颊、头皮、耳后、眉毛，形态为油腻腻的痂。它是一种慢性炎症性皮肤病，表现为鲜红色斑片，表面覆有油腻性鳞屑或痂皮，伴有不同程度的瘙痒。

治疗：用保湿乳厚涂在宝宝皮炎处，等待 20 ～ 30 分钟，再用清水洗净。

育儿锦囊

宝妈问 我担心一些洗护产品里含有化学成分，所以一直不敢给宝宝使用。那么，这些洗护产品到底能不能用呢？

专家答 没必要过分纠结。清洁不到位反而导致宝宝头皮、身体皮肤干痒不适。因此，清洁时使用宝宝专用的洗护产品是很有必要的，但要注意购买正规品牌、有质量保障的产品。

接触性皮炎

症状：可能是食物引起的嘴周皮肤过敏反应，也可能是衣物等引起的身体皮肤过敏反应。主要临床表现为初起时瘙痒，继而出现肿胀、红斑、丘疹、水疱，甚至大疱。如果患处不再接触致敏物质，也没有并发症，则皮疹可在 2 ～ 3 周内消失，但再接触时往往复发或加重。

治疗：避免与过敏原接触，保持皮肤清洁，多涂抹保湿乳。

育儿锦囊

宝妈问 我觉得湿疹和新生儿痤疮太像了，实在很难分清楚。有什么区分方法吗？

专家答 新生儿痤疮出现的时间要早于湿疹，一般在妈妈月子期就出现，而湿疹一般出现于月子期之后。

新生儿痤疮的疹形比较一致，有白头、黑头，甚至脓头。

可以在新生儿患处涂抹治疗湿疹的药膏，有用的话就是湿疹，无效的话就是新生儿痤疮。

03 呵护宝宝皮肤需要注意的事项

（1）环境因素

温度 20 ～ 24 ℃，相对湿度 40%～50%，洗澡水温 36～39 ℃，洗澡时间 5 ～ 10 分钟。

（2）饮食营养

保证宝宝饮食营养，注意膳食平衡，加强营养补充。多吃富含 B 族维生素的食物，如动物肝脏、肉类、禽蛋、牛奶、豆制品、胡萝卜、水果和新鲜绿叶蔬菜等。

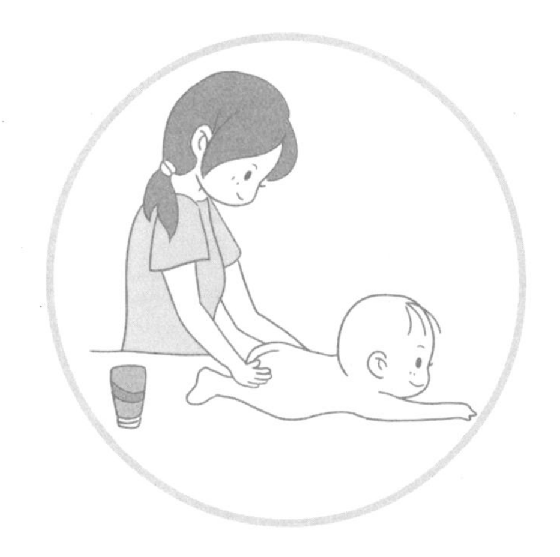

（3）使用保湿乳

使用保湿乳有助于帮助宝宝皮肤保湿，避免皮肤干燥带来的各种问题。

专家育娃讲堂

市面上各种婴幼儿护肤品五花八门，有乳液类、霜类、油膏类，究竟该怎么选择？

（1）关于种类选择

●乳液类：用于宝宝平时护理。

●霜类：肩背、脸、四肢外侧、肚皮、臀部这些非常容易干燥的部位，建议只用霜类。

●油膏类：适用于皮肤出现皲裂、倒刺等问题。不过，当油膏类引起宝宝不适时，建议改用霜类。

（2）关于用量

以皮肤滋润不干为最终目标，但当皮肤出现小疖子的时候，说明护肤品已经使用过多，要注意减量。

宝宝便秘很闹心，专家应对有高招

主讲专家

刘 莉

首都医科大学附属北京儿童医院儿童保健中心主任医师，原科主任，知名专家。本科毕业于首都医科大学儿科系，硕士毕业于北京师范大学儿童发展与教育心理学专业。中国妇幼保健协会自闭症防治专业委员会副主任委员，中国妇幼保健协会科学喂养学组副组长，中国妇幼保健协会儿童疾病与保健分会委员。在北京儿童医院工作30余年，具有丰富的儿童保健及儿内科临床工作经验。在儿童精神发育迟滞、孤独症、生长迟缓的诊断与治疗方面经验丰富。

宝宝一连四五天不拉臭臭，真是急坏妈妈。有的家长天天盼着宝宝拉臭臭，就像盼着中大奖一样。可是，宝宝连续几天不拉臭臭就真的是便秘吗？对小宝宝而言，有时他可能不是便秘，是在“攒肚子”。家长分得清楚吗？跟着专家学学应对高招吧。

01 宝宝为什么会便秘

好端端的，宝宝怎么突然便秘了呢？到底是什么原因造成的？其实，导致宝宝便秘的原因有很多。

吃配方奶粉

纯母乳喂养的宝宝很少便秘。母乳中的脂肪以多不饱和脂肪酸为主，蛋白质配比合理，以乳清蛋白为主，容易消化吸收，所以母乳喂养宝宝的大便基本上是软软的，即使宝宝几天才排便一次也是如此。配方奶粉就不一样，饱和脂肪酸多，不容易被宝宝吸收，容易导致便秘。

专家提醒

纯母乳喂养的宝宝不需要额外补水，母乳中的水分是比较充足的。

添加辅食

如果宝宝在开始添加辅食后出现轻微便秘，家长不必感到奇怪。

这通常是因为宝宝在添加辅食初期开始吃谷物食品（米粉），胃肠消化辅食的功能较弱，尚不适应，过几天就会好转。如果过早添加辅食，或添加辅食的量较多，会增加宝宝消化负担，造成便秘。

脱水

如果宝宝没有获得足够水分，可能发生脱水。这时，他的身体会尽可能从他吃喝的东西中吸收水分，也会从宝宝肠道的废物中“回收”水分，导致宝宝的大便又干又硬，不容易排出来。

疾病因素

宝宝便秘也可能是由疾病（如甲状腺功能减退症）、代谢紊乱、食物过敏、肠道菌群失调、巨结肠等造成。

如果宝宝长期便秘，也许是某种疾病的信号，家长最好带他去看医生。

便秘的判断标准

- 一周排便少于 3 次，大便量少且干燥。
- 大便排出困难，排便时有痛感。
- 宝宝腹胀、肚子不舒服。
- 宝宝食欲减退。
- 宝宝精神状态不好，不像以往那么活泼好动。

育儿锦囊

宝妈问　如何辨别宝宝便秘和攒肚子？

专家答　攒肚子的情况多出现在 4 ~ 6 月龄的宝宝身上。宝宝只是吃奶，没有添加其他辅食，消化吸收能力好，没有多少粪便产生，不需要排出那么多大便。

如果宝宝三四天没排便，但是精神状态、情绪都很好，肚子也不胀，吃奶量也不错，生长发育正常，这样就不是便秘，而是攒肚子。如果不是这种情况，那可能是便秘。

02 怎样预防宝宝便秘

建立良好的排便习惯

早上起来让宝宝喝一杯温开水、淡盐水或淡蜂蜜水。就算没有便意，也可以适当让宝宝蹲蹲便盆，时间不要超过 5 分钟。可以慢慢帮助宝宝养成定时排便的好习惯。

饮食上的调整

如果宝宝便秘了，可以多添加含膳食纤维丰富的蔬菜、水果及粗粮，比如红薯、芹菜、菠菜、菜花、茄子、山药、玉米、红豆、火龙果、山楂等。

鼓励宝宝多运动

对于大一点的宝宝，建议多去参加户外运动，跑步、打篮球、跳绳、游泳、跳舞等都是不错的选择。对于活动能力有限的小宝宝，可以给他做排便操。

03 缓解便秘小偏方

宝宝便秘确实很常见，其实生活中有许多小妙方可以改善宝宝的便秘。

苹果

苹果有双向调节的功能，宝宝便秘可以吃些生苹果，宝宝腹泻时可以吃些蒸熟了的苹果。

橄榄油

橄榄油和香油都有一定的滑肠作用，宝宝便秘了可以适量摄入一些橄榄油，帮助肠道蠕动，但不建议长期食用，也不建议给 1 岁以下吞咽较为困难的宝宝食用。

酸奶

酸奶含有益生菌，对改善便秘有帮助，但不建议给 1 岁以下的宝宝食用。

开塞露

开塞露可以帮助几天不解大便的宝宝顺利排便，但不建议给 3 月龄以下的宝宝使用，也不建议长期使用，因为它的刺激性比较强，容易形成依赖。

香蕉

香蕉对于宝宝便秘有一定帮助，但没有完全成熟的香蕉含有大量鞣酸，反而会引起宝宝便秘，所以选择香蕉时要尤其注意。当发现香蕉皮上有小黑点时，就表示这个香蕉较为成熟，适合给便秘的宝宝食用。

水

适当补充水，确实能帮助宝宝排便，尤其是宝宝发热的时候，一定要多喝水。

蜂蜜

给 1 岁以上的宝宝用温水冲饮蜂蜜，对润滑肠道有不错的效果。

专家育娃讲堂

宝宝如果长期便秘，对身体的危害是很大的。那么，具体的危害到底有哪些呢？主要表现在以下几个方面：

- 反应迟钝，容易注意力不集中，没有耐心，贪睡、喜哭，对外界变化反应迟钝。
- 食物糟粕在肠道细菌作用下产生的毒素，可通过血液循环到达大脑，刺激脑神经，使宝宝的记忆力、逻辑思维和创造思维能力的发育受到影响。
- 引发肠道疾病，如肛窦炎、直肠炎、肛裂等。
- 营养不良，出现腹胀、食欲减少等现象，抵抗力也会下降。

上点心！了解宝宝“臭臭”周边那些事儿

主讲专家

李　瑛

主任医师，现任北京美中宜和妇儿医院儿科大主任，曾任北京市海淀区妇幼保健院儿科主任10余年，在儿科常见病、多发病的诊疗及以婴幼儿生长发育监测、干预方面有丰富的经验。中国医师协会、中国妇幼保健协会、北京医学会儿科分会学术委员，担任国内多家媒体育儿专家，曾发表学术论文10余篇。出版图书《儿科专家李瑛给父母的四季健康育儿全书》《隔代育儿全攻略》。

宝宝拉臭臭，也是让家长十分操心的一件事情。宝宝不拉臭臭，家长特别着急；宝宝一天拉多了，家长也特别着急，急着带宝宝去医院看看。如果宝宝每天排便，家长特别高兴。其实，宝宝拉臭臭也有许多门道和小秘密。

01 “母乳性腹泻”是腹泻吗？要不要停母乳喂养

家长发现，吃母乳的宝宝有时一天会拉好几次，这是母乳性腹泻吗？这里首先要澄清的观点是，并没有所谓的“母乳性腹泻”。母乳喂养的宝宝出现大便较稀、排便次数多，都是正常现象，并不是真正的腹泻。

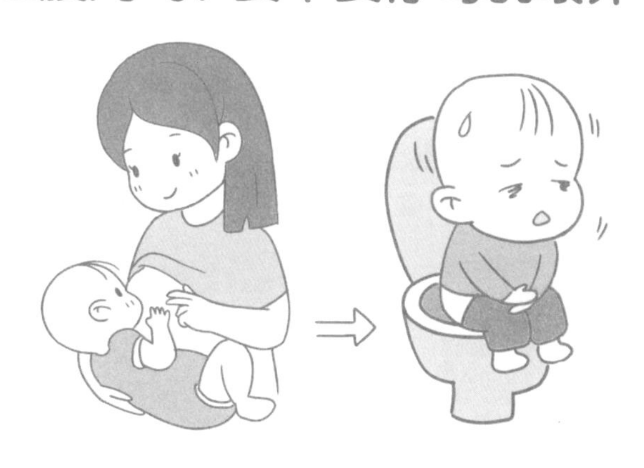

生理性腹泻的判断依据

母乳喂养的 0 ～ 6 月龄宝宝，大便较稀、排便次数多，是一种生理性腹泻。

●**一看性状：**金黄色，较稀，伴有透明黏液，带有特殊酸臭味，无脓血，无发热。

●**二看次数：**少则每日三四次，多则每日近十次。

母乳喂养的宝宝排便时出现以上症状，属于正常现象。只要宝宝进食正常，生长发育曲线正常，也没有出现其他不适，家长不用太过紧张。随着宝宝生长发育、身体各项功能的完善，大便性状也会逐渐改善，慢慢变为金黄色软便，次数也会减少。

需要停母乳喂养吗

当然不用，不建议停母乳喂养。

母乳是宝宝的最佳食物，其中的脂肪和乳糖可能加重生理性腹泻，但经过一段时间后，宝宝的肠道功能增强，将会逐渐适应和吸收。

随着宝宝 6 个月后添加辅食，大便的性状也会逐渐转为正常。对于发育良好的宝宝，更加不用担心，只需宝宝自身调节即可。

02 尿布和纸尿裤到底该怎么选

关于尿布和纸尿裤之间的“战争”，其实也是爷爷奶奶和爸爸妈妈的战争。家里的老人都习惯给宝宝用尿布，可是，年轻的爸爸妈妈则倾向于给宝宝使用纸尿裤。那么，到底是尿布好还是纸尿裤好呢？既然公说公有理、婆说婆有理，那就听听专家怎么说吧。

使用尿布、纸尿裤都有没问题，关键看怎么使用。用法不对，都会影响宝宝健康；用法正确的，都能放心使用。

尿布和纸尿裤的使用特点	
尿布	●透气性强，能散热，但不排湿，宝宝一旦尿了、拉了就要特别注意及时更换 ●使用起来比较繁琐，需要不停地更换和清洗，洗完必须在太阳下充分晒干
纸尿裤	●透气性很强，排湿性好，非常方便 ●把家长从洗尿布的反复劳动中解放出来

宝宝白天活动量大，能够给宝宝及时更换时，可以使用尿布。晚上宝宝深睡，不便打扰其睡眠时，可以使用纸尿裤。

育儿锦囊

宝妈问　穿戴纸尿裤会导致男宝宝不育吗？

专家答　有些人认为纸尿裤不透气，局部温度高，会把宝宝的睾丸捂坏了，从而杀死男宝宝的精子。这完全是误解。男孩要到青春期才开始性发育，而宝宝还处在婴儿期、幼儿期，哪来的精子？这种男宝宝穿纸尿裤会导致不育的想法，完全错误。

03 纸尿裤的穿戴小秘诀

当了爸妈，真的会给宝宝穿纸尿裤吗？专家给你们支招纸尿裤的穿戴小秘诀。

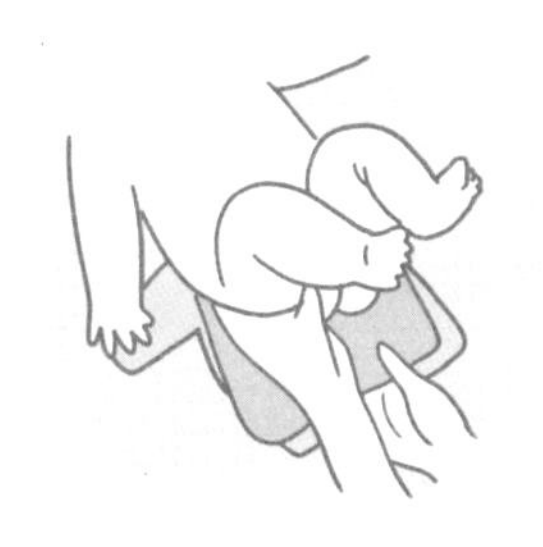

第一步： 将新的纸尿裤平铺，垫在脏的纸尿裤下面，并在新纸尿裤上垫一层布或纸，防止清洗屁股时弄脏。

第二步： 单手抓牢宝宝脚腕，把双腿轻轻抬起，至屁股能伸进一个手掌的高度。

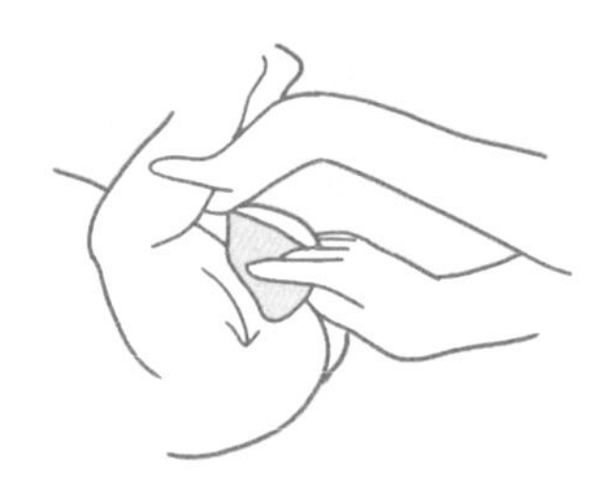

第三步： 用湿纸巾或温水浸泡过的纱布，多次擦拭宝宝的小屁股。不管男宝宝还是女宝宝，都需要注意从前往后擦，避免大便污染宝宝的会阴部。

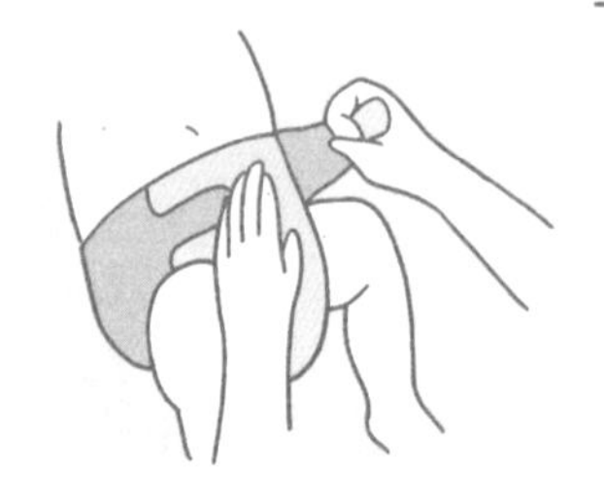

第四步： 把宝宝的屁股和后背擦干净以后，抽出脏的纸尿裤。等待屁股晾干，粘贴纸尿裤两侧腰围，松紧度保持一个手指可以伸进去的程度即可。

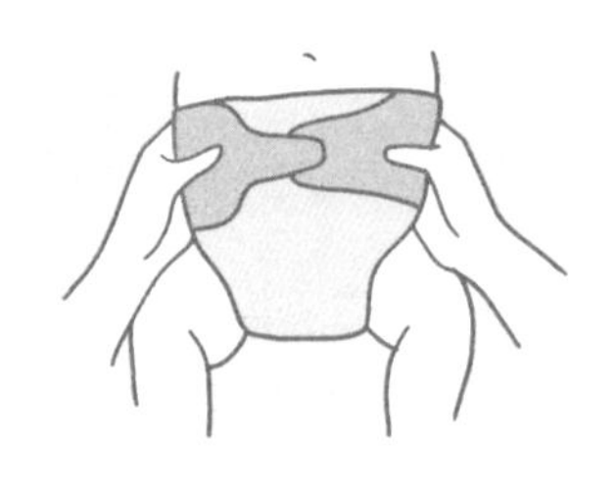

第五步： 捋平纸尿裤的腰围，检查是否贴合宝宝身形，检查防漏边是否有翻出。

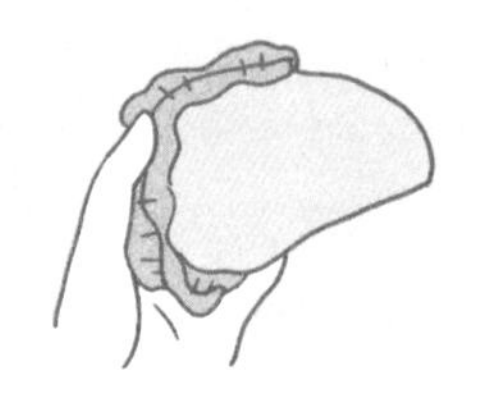

第六步： 脏的纸尿裤换下来之后，把两边拉出，对折卷起，扔进垃圾桶，以免排泄物漏出。

专家提醒

到了1岁半左右，就可以开始给宝宝做些简单的排尿训练了。当然，如果继续给宝宝穿纸尿裤，等到2岁再开始训练也是完全可以的，且宝宝会学得更快。

专家育娃讲堂

以下关于纸尿裤的误解，你有吗？

误区1：纸尿裤容易导致红屁股

宝宝很容易出现红屁股，家长认为纸尿裤是元凶。一般宝宝排便后，建议用清水冲洗后再涂上护臀膏，这样做可以避免红屁股。

误区2：久穿纸尿裤会造成O形腿

事实上，宝宝在2岁之前腿都会呈O形，随着年龄的增长会逐渐变直。纸尿裤柔软，臀腿部贴合很好，不可能影响宝宝的骨骼发育。

误区3：久穿纸尿裤影响宝宝如厕

一般来说，如厕训练的最佳时间是宝宝18 ~ 24月龄。宝宝掌握如厕技能和穿纸尿裤的时间长短没有多大关系。

小小眼病，都是关乎宝宝的健康大事

主讲专家

于 刚

特级专家，主任医师，唯儿诺全国儿童眼科连锁机构总院长，北京美和眼科诊所院长，宝宝眼医生集团创始人，原北京儿童医院院长助理，眼科主任。中华眼科眼眶、肿瘤、整形学组委员，北京医学会眼科分会副主任委员，北京医师协会眼科医师分会副会长。担任《中华眼科杂志》《眼科杂志》杂志编委。

一提到宝宝的视力问题，家长都会认为是近视。事实上，宝宝斜视、弱视、上睑下垂才是儿童眼科门诊最常见的三大疾病。这三种眼病号称“小儿眼疾邪恶的孪生三胞胎”，如果不及时发现，错过最佳治疗期，可能会影响宝宝一生。

01 儿童三大眼科疾病之一：斜视

什么是斜视

斜视是指当一只眼睛注视目标时，另一只眼的视轴偏离于注视目标的一类眼科疾病。正常情况下，双眼运动协调一致，可同时注视同一目标，并使目标在双眼黄斑部中心凹成像，传导到大脑视觉中枢，形成一个完整且有立体感觉的单一物像。斜视是儿童多发的眼科疾病。

斜视可以分为哪几类

斜视分为：内斜视、外斜视、间歇性斜视、交替性斜视等其他复杂型斜视。

明显的斜视直观可见，麻痹性斜视很多基本看不出来。

育儿锦囊

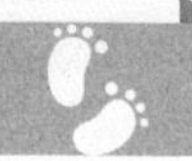

宝妈问 宝宝长大了，斜视会自然消失吗？

专家答 这种看法大错特错。斜视不仅会对宝宝眼睛造成危害，还会影响宝宝的身心健康，甚至影响宝宝的一生。长期斜视如果不治疗的话，宝宝长大后，从事许多工作都会受限制，比如医生、飞行员、建筑师等。

对于斜视，必须早发现、早治疗，不要错过学龄前的最佳治疗时间。

斜视宝宝的世界

- 出现两个妈妈，分不清哪个是真、哪个是假。
- 下楼梯时，一节楼梯出现多个重影，很容易摔跤。
- 看到事物经常出现上下两个，一个高、一个低，产生错觉。
- 生活中做不了精细的动作。
- 一些斜视宝宝的世界是没有立体感的，也就是没有立体视觉。

怎样发现宝宝有麻痹性斜视

- 看东西歪头、斜颈、侧着身子。
- 经常揉眼睛，容易出现视疲劳。
- 走路、下楼很容易摔跤。
- 看东西时靠特别近。
- 喜欢睁一只眼、闭一只眼。

02 儿童三大眼科疾病之二：弱视

在生活中，很多家长发现宝宝得了近视，即便戴近视眼镜，但视力还是没有提高或改善。这是为什么呢？原来，宝宝得的不仅是近视，而且还有弱视。近视和弱视是完全不同的两种眼科疾病。

什么是弱视

比如有个 3 岁的宝宝，不戴眼镜时视力是 0.1，家长以为宝宝是近视，但是给宝宝配戴眼镜后，他的视力还是 0.1，并没有提高，检查发现孩子眼部无器质性病变。近视、远视、散光都会造成儿童弱视，斜视的宝宝也会出现弱视。

不愿意看东西

歪头

揉眼睛，喜欢单眼看东西

不愿意看读本

看电视距离过近

宝宝弱视的表现

育儿锦囊

宝妈问　宝宝得了弱视，一定要治疗吗？

专家答　宝宝得了弱视，如果不进行治疗，有可能造成弱视眼视力的完全丧失，待 7 岁上学后再治疗就晚了。随着年龄的增大，宝宝在 7 ~ 8 岁以后，弱视几乎难以矫治，甚至成为宝宝的终身缺陷。所以，弱视一定要早发现、早治疗。

宝宝得了弱视，要怎样治疗

如果发现宝宝得了弱视，要怎么治疗呢？其实，弱视并不是那么可怕，如果能够尽早发现并及时治疗，治疗效果非常好。

- 得了弱视的宝宝要用眼睛遮盖法。
- 遮住好眼，充分锻炼有弱视的眼睛。
- 经常做矫正弱视的视觉网络训练小游戏。

专家提醒

如果检查出来宝宝有弱视，家长一定要给宝宝戴专业的眼镜进行矫正。视力只有 0.4 的 3 岁宝宝，通过以上方法矫正 2 个月，可以将视力提高。所以，家中有弱视宝宝的家长，不要拒绝给宝宝戴矫正眼镜，千万不要错过最佳治疗期。

03 儿童三大眼科疾病之三：上睑下垂

细心的家长发现宝宝眼睛一大一小，有点不对称。还有的家长发现宝宝的眼睛经常睁不开，每天像睡不醒，这些都可能提示宝宝患有上睑下垂。

什么是上睑下垂

正常上睑睑缘在睁眼平视前方时，应位于角膜缘与瞳孔上缘间的中点水平。如果低于这个水平，上睑遮盖瞳孔超过 2 毫米，视物受到阻挡，则称为上睑下垂。

上睑下垂是眼科常见病，主要症状是上睑不能上提，患者常紧缩额肌、耸肩以助提睑，重者需仰头视物。如为儿童，并且下垂超过瞳孔时，可造成患眼弱视。

如何判断宝宝是不是上睑下垂

家长平时要多观察宝宝的行为，可以根据以下标准来判断：

●眼睑遮盖瞳孔 1/2 以下是重度。

●眼睑遮盖瞳孔 1/3 是中度。

●眼睑遮盖一小部分角膜是轻度。

即使是轻度的上睑下垂，也要干预治疗。严重的上睑下垂，需要手术治疗。宝宝最佳手术时期是 3 岁。

专家育娃讲堂

最简单有效的斜视自查方法来啦，叫手电筛查法。

道具：一只可以聚光的手电笔。

做法：家长和宝宝面对面，两人距离 33 厘米，放置手电笔，把手电笔对准宝宝的鼻梁中间，光线打在宝宝的两个眼球上，让宝宝双眼盯着手电笔。这时，手电笔会在宝宝的两个黑眼珠上各出现一个反光点。

如何判断有无斜视？重点是看反光点是否在两个黑眼珠的正中。

●如果反光点在正中，可以用手掌交替遮盖宝宝两只眼，观察宝宝眼球的运动情况，如果不动，说明宝宝眼睛没有问题。如果有小幅度转动或大幅度转动，有可能提示宝宝存在斜视问题，建议及时就医。

●如果任何一个反光点是在黑眼珠的内侧、外侧或者偏上、偏下（没有在正中），提示宝宝可能有斜视。

保护耳朵，让宝宝听见世界的美妙声音

主讲专家

莫玲燕

1993 年开始任职于首都医科大学附属北京同仁医院耳鼻咽喉科。1996 年参加中澳听力学联合培养项目，成为我国最早一批听力师，并开始承担大学听力学专业授课工作。2005 年，在加拿大哥伦比亚大学完成听力学博士后工作，继续任职于北京同仁医院耳鼻咽喉科，担任副主任，2008 年晋升为主任。在耳鼻咽喉科疾病的诊疗方面具有丰富的临床经验，主要擅长儿童和成人听力及耳科疾病的诊断、处理。

在我国，每个宝宝出生后都需要接受听力筛查，判断听力是否正常。如果检测结果正常，家长是否再也不用担心宝宝的听力会出现问题呢？答案是否定的。随着宝宝的成长，听力发育也有可能出现问题，而且听力受损是不可见的残疾。如果听力受损，宝宝的语言发育也会受到严重影响。

01 怎样发现宝宝有没有听力受损

刚出生的新生儿不会表达，怎样可以判定其听力是否正常呢？

这里有两种方法。一种是专业的技术方法，即应用技术设备进行新生儿听力检查，由专业人士对新生儿听力测试结果作出客观判定，及早确定宝宝是否有听力问题。通过此项技术，可以在宝宝 3 月龄内明确诊断听力损失，并进行早期干预、早期康复。

若无此条件，家长也可在宝宝的生长发育过程中，通过细心观察来发现。在这里教大家 4 个小方法辅助判断。

小月龄宝宝睡得特别沉，
不易被吵醒

宝宝1岁左右，语言发育落
后于其他同龄孩子

3岁左右总是要求大人重复说话，
经常表示听不清甚至听不到

上小学1～2年级，上课
好动，成绩落后

如果出现以上情况，家长就要提高警惕了，最好带宝宝到医院，用专业设备进行检查。

02 平时如何保护好宝宝的耳朵

原来，宝宝在成长过程中，听力也有受损的风险。看来，家长要特别重视保护好宝宝的耳朵。具体可以这样做：

●平时尽量不要带宝宝去嘈杂的娱乐场所。

●平时给宝宝听儿歌、看电视时，家长一定不要把音量开得过大，以便保护好宝宝的耳朵。

专家提醒

如果声音足够高的话，一次就会对宝宝耳朵造成损害。因此，家长一定要加以重视，保护好宝宝的耳朵，发现听力问题，及早就医检查。

03 耳朵上的小孔真的是“聪明孔”吗

有的宝宝耳朵旁边会长一个小孔，老人说耳朵上有这样一个小孔的小孩比较聪明，称之为“聪明孔”，而且认为有这个小孔的宝宝能囤住粮食，一辈子不愁吃喝，所以也管它叫“富贵仓”。事情真是这样的吗?

耳朵上的小孔是什么

其实，耳朵上的小孔并不是老人所说的“聪明孔”，也不是“富贵仓”，而是胚胎发育不全引起的，是一种先天性畸形。这个小孔在医学上叫做“耳前瘘管”。

从外形看起来，它只是一个小孔，里面就像一口井，四壁就是皮肤。皮肤会有分泌物，容易造成感染。很多家长会去挤出宝宝耳朵小孔里的脏东西，但这是非常不正确的。有时候分泌物会越挤越深，反而引起感染，严重的还需要手术治疗。

宝宝耳朵上长了小孔，怎么办

●妈妈平时可以给宝宝轻轻擦拭小孔表面的分泌物，千万不要挤。

●平时让宝宝多锻炼，逐渐增强抵抗力。

●宝宝平时的饮食应尽量清淡。

●如果宝宝耳朵上的小孔出现轻度红肿，家长可以在医生指导下给宝宝涂抹一些抗生素药膏，慢慢消炎。

●严重感染或者反复感染时，最好到医院咨询医生。

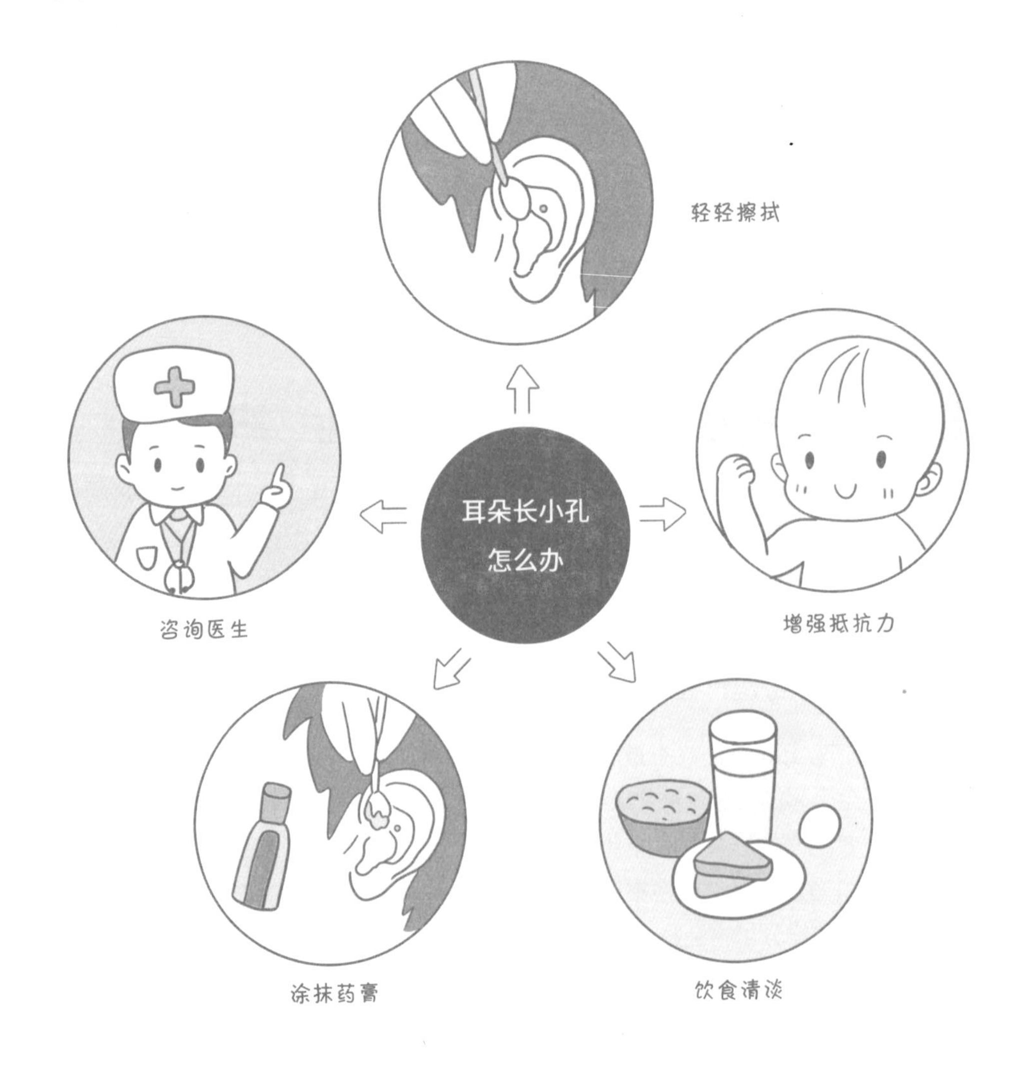

04 中耳炎到底是怎么回事

谈到耳朵，家长想到宝宝最容易发生的一种耳部疾病，叫中耳炎。有不少宝宝都被中耳炎困扰。这到底是怎么回事？

当宝宝患上呼吸道感染、过敏、腺样体肥大时，鼻腔通向中耳的这根管道（咽鼓管）无法平衡鼓膜两侧的压力，因此会在耳中形成积液，影响声音传送，从而影响听力，还会引起耳朵疼痛。

如果压力瞬间增大，鼓膜承受不住这个压力，液体还会从耳道流出。

专家提醒

中耳炎最严重的并发症是脑膜炎，因此，要及时治疗中耳炎。注意，是鼻子用药，不是耳朵用药。因为鼓膜完整的时候，在耳道滴药没有任何意义。只有治好鼻子，使压力恢复平衡，中耳炎才能治好。

育儿锦囊

宝妈问 宝宝患中耳炎，耳朵痛，医生说要先治鼻子。宝宝耳道发炎也是耳朵痛，这时候需要治耳朵。那我们怎么分辨到底是中耳炎还是耳道发炎呢？

专家答 教大家一个小方法：轻轻拉扯宝宝耳朵，如果他有抗拒的表现，那就是耳道感染发炎；如果宝宝没有疼痛感，那就是中耳炎。

专家育娃讲堂

需要提醒家长的是，注意看看你们对待宝宝耳屎的方式是否正确。

●耳道分泌出的耳屎，会随着说话、吞咽的震动自然掉出来，无需清理。

●经常掏耳朵，反而会刺激耳道皮肤，容易引起发炎，死皮产生更快，耳朵更痒，宝宝更想掏耳朵，这是一个恶性循环。

●有的宝宝耳朵里会有硬块脏物，那是胎脂，是出生时存在的，需要到医院进行清理。

●如果要对耳朵进行清理，只需要用干棉签，对肉眼看得见的地方进行清理即可，千万不要伸进耳道。

●宝宝平时洗澡、游泳时耳朵进水，家长不必过于担心，可以让宝宝把头歪向进水一侧，跳一跳，把水控出来，再擦去其耳朵上的水即可。

别把尿床不当回事，小心疾病找上门

主讲专家

陈大坤

原就职于首都儿科研究所。首都儿科研究所知名专家。毕业于北京医科大学（现北京大学医学部），从事儿科临床工作40余年，在小儿内科常见病、多发病方面积累了丰富的临床经验，擅长小儿肾脏疾病的诊断与治疗。曾任首都儿科研究所肾脏内科主任、输血科主任，曾任北京嫣然天使儿童医院业务副院长。发表论文数篇。

家里的爷爷奶奶说宝宝小，尿床是一件非常正常的事情，等大了自然不会尿床。真的是这样吗？尿床真的是一件正常的事情吗？

其实，尿床并没有爷爷奶奶想的那么简单。特别是超过 5 岁的宝宝还会尿床，就要提高警惕。因为小儿尿床可能是一种病，长期尿床会对宝宝的身高、智力、心理造成很大的危害，需要及早干预与治疗。

01 什么是遗尿症

遗尿症指的是小儿在熟睡时不自主地排尿。遗尿症分原发性遗尿症和继发性遗尿症。5 岁以上的宝宝，每周尿床 2 次以上，连续超过 3 个月，有可能提示患上遗尿症。5～12 岁是高发年龄段。

原发性遗尿症指的是没有明显原因的泌尿系统和神经系统疾病，多为后天生活习惯不良导致的排尿功能障碍。对于原发性遗尿症，5 岁宝宝的发病率高达 16%，需要家长重视起来。

继发性遗尿症指的是泌尿系统和神经系统出现问题，从而引发的排尿功能障碍。

02 遗尿症有哪些危害

虽然遗尿症表面看起来只是宝宝经常尿床，但它的危害是巨大的，可能会影响宝宝的一生。

●影响大脑神经发育：注意力不集中、精神萎靡、倦怠乏力等，反应迟钝，甚至智力偏低。

●影响生长发育：骨骼发育、钙吸收不全。有统计数据表明，患有遗尿症的孩子，身高比正常孩子矮 2 ～ 5 厘米。

●影响免疫力：表现为抵抗力低下。

●影响心理健康：自卑、内疚、内向、孤僻、胆小、多动、焦虑等。

●影响胃肠功能：偏食、厌食、食欲不振。

●长期影响：成年后可表现为心理障碍。

03 导致遗尿症的元凶到底是什么

家长非常纳闷：为什么自家宝宝会患上遗尿症？导致遗尿症的罪魁祸首到底是什么？

宝宝患上遗尿症的原因

睡眠障碍

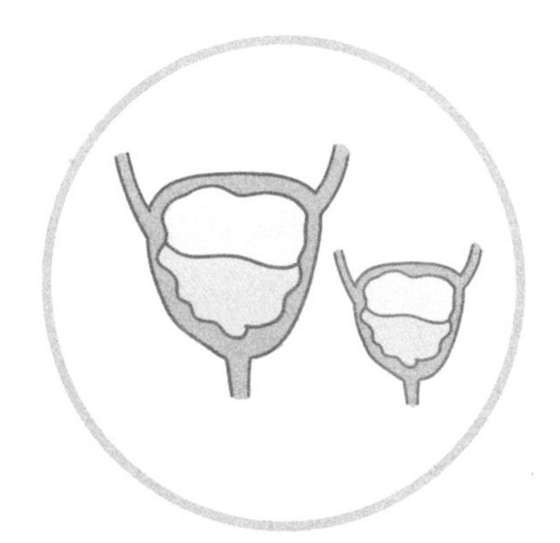
功能性膀胱容量减少

抗利尿激素分泌不足

婴儿时期规律性排尿训练不良

精神紧张

大脑发育延迟

遗传因素

不良生活习惯

●睡眠障碍：遗尿的宝宝夜间睡眠都较深，不易被唤醒。宝宝睡眠过深，不能接受来自膀胱的尿意觉醒，发生反射性排尿，形成遗尿。

●功能性膀胱容量减少：临床上用膀胱内压测量方法研究遗尿宝宝，发现其膀胱容量比预计的要少 30%，同时膀胱的容量均不同程度地小于正常膀胱的容量，平均小于正常的 50%。

●抗利尿激素分泌不足：专家认为，宝宝遗尿主要是由于垂体后叶分泌抗利尿激素功能尚未成熟，夜间不能分泌足够的抗利尿激素控制排尿，并与神经、内分泌系统整体发育不完全有关。

●婴儿时期规律性排尿训练不良：夜里排尿训练过多，如夜里要叫醒宝宝 3～4 次，甚至 4～5 次起来排尿，结果使其膀胱未得到扩张，不能产生明显的尿意；夜里排尿训练过少，如给宝宝使用纸尿裤后，不管不顾；排尿训练过早，如在宝宝几月龄时就开始进行训练。这些不良的排尿训练都会导致宝宝遗尿。

●精神紧张：如果宝宝长期受到家长打骂，精神过于紧张，也会导致遗尿。

●大脑发育延迟：大脑皮层控制排尿反射成熟延迟。

●遗传因素：家长遗尿和遗传有很大的关联，如果家长双方或单方有遗尿的病史，那么宝宝患遗尿症的概率要高一些。

●不良生活习惯：宝宝不良的生活习惯和生活方式也会导致遗尿。如果宝宝睡前饮水过多，睡得比较深，不易被唤醒，也会导致遗尿的发生。

育儿锦囊

宝妈问　遗传因素对宝宝遗尿的影响是怎样的？

专家答　家长一方有遗尿病史，宝宝有 40% 的概率出现遗尿；家长双方都有遗尿病史，宝宝有 70% ~ 75% 的概率出现遗尿。

预防遗尿这样做

●宝宝 1 岁半开始就要逐渐进行如厕训练，2～3 岁是训练最佳时期。

●不要过度依赖尿不湿和尿垫。

●不给宝宝穿开裆裤，否则可能会引起泌尿系统感染。

●纠正不良生活习惯，控制饮食和饮水量。

04 宝宝总是遗尿怎么办

如果宝宝总是遗尿，训斥绝不是正确的解决办法，甚至会给宝宝造成很大的心理伤害。

宝宝遗尿了，千万不要对他进行打骂，建议用恰当的言语与宝宝交流

让宝宝白天尝试憋尿训练，每日1～2次，每次憋尿30分钟

宝宝哪天没有遗尿，家长可以给他设定一定的小奖励

记录宝宝夜间遗尿时间，提前半小时叫醒他让他如厕

专家提醒

晚饭少给宝宝吃过稀的食物，比如粥、汤等。晚饭后尽量不要让他喝太多水、吃水果及含水分高的食物；让宝宝少吃过甜的食物，可以选择在白天吃。

专家育娃讲堂

有的妈妈怕宝宝缺水，每日给宝宝喝过多水，这对容易遗尿的宝宝来说，会增加尿床的概率。那么，宝宝每日应该摄入多少水呢？

宝宝每千克体重每日要摄入 150 毫升水，例如 10 千克的宝宝每日就要摄入 1500 毫升。注意，这是包含正餐的水分及奶的水分。

那么，要给宝宝喝多少水呢？这里教大家一个更实用、简单的算法：每千克体重的宝宝喝 30 ～ 50 毫升水。例如 10 千克重的宝宝每日最多喝 500 毫升水即可。

家长学起来，别让黄疸折磨可爱的宝宝

主讲专家

张思莱

著名儿科专家，中国关心下一代工作委员会专家委员会专家。北京中医药大学附属中西医结合医院原儿科主任、主任医师。2019年荣获“中国母婴科普人物杰出贡献奖”，2020年荣获中国科协、人民日报、中央广播电视总台“典赞·2020科普中国”年度十大科学传播人物。《张思莱科学育儿全典》荣获科技部“2018年全国优秀科普作品奖”。

都说“十个宝宝九个黄”，很多宝宝刚出生时都是“黄疸宝宝”。看着发黄的小宝宝，妈妈可担心了。各种民间偏方都试一遍，结果宝宝黄疸没退，全家跟着折腾一圈。那么，黄疸到底是怎么回事呢？宝宝得了黄疸要怎么治？老人口中的偏方真的可行吗？

01 先来了解黄疸是什么

新生儿（出生28日内）出生后，氧气由妈妈的血液供给变成自己用肺呼吸，致使血清中胆红素升高，而新生儿的肝脏功能还没有发育完全，不能有效地分解胆红素，很容易出现肉眼可见的皮肤黄染，这就是新生儿黄疸。

新生儿黄疸有生理性黄疸和病理性黄疸之分。

	生理性黄疸	病理性黄疸
出现时间	足月宝宝出生2～3天后出现，早产宝宝出生后3～5天出现	宝宝出生24小时内出现，有的1周或数周后出现

（续上表）

	生理性黄疸	病理性黄疸
持续时间	足月宝宝 4 ～ 5 天达到高峰，5 ～ 7 天消退，最迟 2 周；早产宝宝 5 ～ 7 天达到高峰，7 ～ 9 天消退，最迟 3 ～ 4 周	持续时间长，超过 2 周就要注意了，有的超过正常消退时间，黄疸消退后又出现
黄疸程度	主要分布于面部及躯干部，前臂、小腿、手心及足心无明显黄疸	程度重，常累及全身，皮肤黏膜发黄明显
黄疸指数	进展较慢，每日胆红素升高小于 442 微摩尔/升（μmol/L）	上升速度快，每日胆红素上升超过 442 微摩尔/升（μmol/L）
处理	通常不需要治疗就会消退	需要及时送医治疗

专家提醒

对于病理性黄疸的宝宝，家长不能自己在家护理，因为胆红素水平过高会造成宝宝脑部损伤，不及时治疗，更有可能对宝宝的身体造成永久性损害。

育儿锦囊

宝妈问 怎样在家里初步观察及判断宝宝黄疸？

专家答 在自然光线下，黄疸首先出现在眼白，后面依次为颜面部、胸部、腹部，最终表现在四肢和手足心。如果仅仅是眼白和面部黄染，则为轻度黄染；如果躯干部皮肤黄染，则为中度黄染；如果四肢和手足心也出现黄染，即为重度黄染。

因为新生儿皮肤颜色差异大，尤其是比较黑的新生儿，通过这种方式判断是有一定困难的。

02 黄疸宝宝什么情况下需要送医治疗

如果宝宝出现以下情况，要尽快送医治疗，耽误不得。

●宝宝出生后 24 小时内开始变黄。

●黄疸每日有进行性加重。

●全身皮肤重度黄染，呈橘皮色，或者皮肤黄色晦暗；大便色泽变浅，呈灰白色，尿色深黄。

●宝宝很难叫醒或者不肯吃奶。

●宝宝出现发热、尖叫、哭闹不止、全身紧绷等情况。

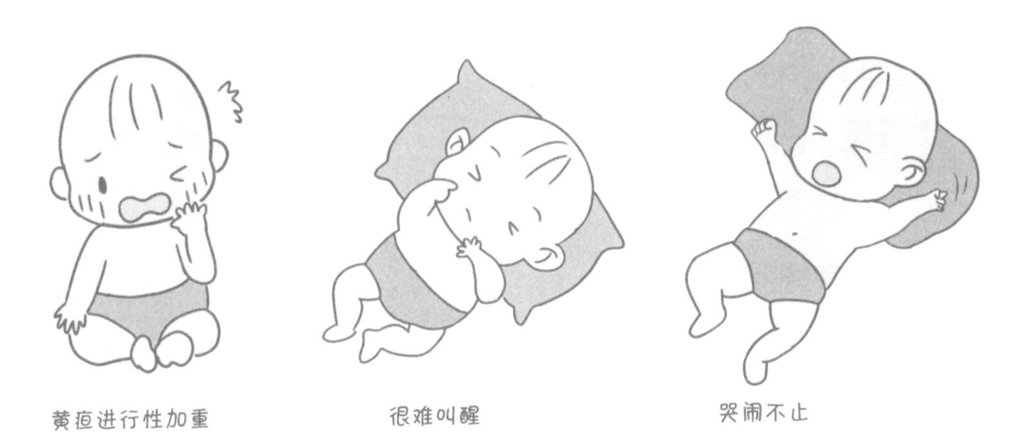

黄疸进行性加重　　很难叫醒　　哭闹不止

身体紧绷

尿黄

这 5 种情况是由轻到重发展的，一旦宝宝出现其中一项情况，建议立刻送往医院。宝宝很可能得的是病理性黄疸，耽误不得。

03 病理性黄疸如何治疗

在2014年中华医学会儿科学分会新生儿学组颁布的《新生儿高胆红素血症诊断和治疗专家共识》中，对高胆红素血症的治疗给出了以下建议：

- 进行光疗。
- 换血疗法。
- 药物治疗，静脉注射丙种球蛋白（IVIG）或者白蛋白。

04 退黄的民间小偏方真的可行吗

为了给宝宝退黄，家长真是想尽办法，弄来各种小偏方，只希望靠这些偏方在家轻轻松松帮助宝宝退黄。可是，这些民间小偏方未必可行。

偏方1：晒太阳退黄法

真相：暴晒太阳不是治疗新生儿黄疸的好办法，搞不好反而会晒伤宝宝娇嫩的皮肤，所以不建议。

偏方2：吃茵栀黄退黄法

真相：2016年，国家明确茵栀黄注射剂不能用于新生儿黄疸的治疗。2014年中华医学会儿科学分会新生儿学组所颁布的《新生儿高胆红素血症诊断和治疗专家共识》中也没有提到使用茵栀黄口服液来治疗新生儿黄疸，而且很多时候，茵栀黄口服液容易引起宝宝腹泻。

05 什么是母乳性黄疸

纯母乳喂养的新生儿发生的黄疸不随生理性黄疸的消失而消退，黄疸可延迟 28 日以上，程度以轻度至中度为主。宝宝一般情况良好，生长发育正常，肝脾不大，肝功能正常。这种黄疸称为“母乳性黄疸”。

母乳性黄疸的主要特点是新生儿母乳喂养后，血液中的非结合胆红素升高，表现出黄疸。母乳性黄疸可分为早发型和迟发型。

早发型母乳性黄疸出现的时间是出生后 3 ～ 4 日，黄疸高峰在出生后 5 ～ 7 日。迟发型母乳性黄疸是宝宝出生后 6 ～ 8 日出现，黄疸高峰在出生后 2 ～ 3 周，黄疸消退时间可达 6 ～ 12 周。

专家育娃讲堂

如果宝宝发育得很好，吃奶也吃得好，只是皮肤发黄，不需要特殊治疗，可以继续母乳喂养，只是要密切观察宝宝的胆红素水平。有时为了确诊宝宝是否有母乳性黄疸，建议妈妈先停 3 天母乳喂养来观察宝宝的黄疸情况。如果宝宝被确诊为母乳性黄疸，就可以继续母乳喂养。

注意，妈妈停母乳期间，一定要按时把母乳挤出来，以保证确诊为母乳性黄疸后可以继续母乳喂养。

根据《母乳喂养促进策略指南（2018 版）》指示：对诊断明确的母乳相关性黄疸婴儿，若一般情况良好，无其他并发症，可常规预防接种。

宝宝骨折知多少，家长健康育娃必修课

主讲专家

杨 征

北京积水潭医院小儿骨科党支部书记兼科主任，医学博士，毕业于北京医科大学（现北京大学医学部），对于儿童髋脱位、各类足踝畸形、儿童骨折及四肢畸形的矫正有着丰富的临床经验。中华医学会小儿外科学分会小儿骨科学组副组长，北京医学会小儿外科学分会委员，中国研究型医院学会骨科创新与转化专业委员会常务委员、儿童骨科学组副组长。

宝宝骨骼没有成年人发育得完善，一不小心碰着、磕着，特别容易骨折。宝宝常见意外伤害中，骨折的发生概率比较高，真是让家长防不胜防。

为了更好地保护宝宝，学习小儿骨折相关知识便是新手爸妈的必修课了。关于小儿骨折，要了解的知识还真不少，赶紧跟着专家学起来吧。

01 宝宝骨折的常见原因有哪些

生活中有哪些原因容易导致宝宝发生骨折？意外创伤是导致宝宝骨折最主要的原因。

意外创伤可以概括为 3 种：生活伤、运动伤、交通伤。

- 生活伤：例如意外坠床、手不小心被门挤了、脚不小心绕进自行车的辐条里了。
- 运动伤：例如蹦床、骑滑板车、玩轮滑时受伤等。
- 交通伤：例如宝宝自己单独走路被撞，或者遭遇更严重的车祸等。

02 为什么宝宝容易发生骨折

家长缺乏对宝宝安全意识的培养

宝宝对危险的识别和判断能力不足，很容易发生意外伤害。其实，这些更多是因为很多家长平时没有多关注、多教育，不注重培养宝宝的安全意识，所以，宝宝不懂得如何保护好自己。

宝宝本身的神经肌肉系统发育不完善

宝宝的神经肌肉系统仍处在发育过程中，平衡能力和协调能力尚不完善，还没有强壮的肌肉对运动系统进行保护，一些高难度的体育动作容易对宝宝造成伤害，有突发情况时，也很难做出及时和有效的反应及自我保护动作。

此外，儿童骨骼存在一些特殊“构造”，例如宝宝的肘关节、膝关节及踝关节附近有个特殊结构叫“骺板”，也叫“生长板”。这个部位是宝宝骨骼最薄弱的地方，也是宝宝骨骼生长发育最快的地方，受到轻微外力时，特别容易损伤。虽然宝宝骨骼韧性比较好，但是骨骼的强度和硬度较成人来说是相对较低的。

育儿锦囊

宝妈问 宝宝哪些部位最容易发生骨折？

专家答 宝宝最容易造成骨折的部位是桡骨远端（前臂靠近手腕的部位）和肱骨髁上（比肘关节稍高一点的位置）。

03 有哪些骨折只发生在宝宝身上

宝宝骨骼结构并不是成人的“缩小版”，而是有自己特点的。所以，有些骨折只会发生在宝宝身上，如青枝骨折和骨骺损伤。

青枝骨折

青枝骨折多见于宝宝，宝宝的骨骼中含有较多有机物，外面包裹的骨外膜又特别厚，因此在力学上具有很好的弹性和韧性，不容易折断。遭受暴力，发生骨折会出现与嫩树枝一样折而不断的情况。

发生青枝骨折时，骨骼虽“折”却未“断”，因而一般属于稳定骨折，通常不需要手术治疗。对于四肢骨的青枝骨折，用石膏外固定治疗就有很好的效果。

骨骺损伤

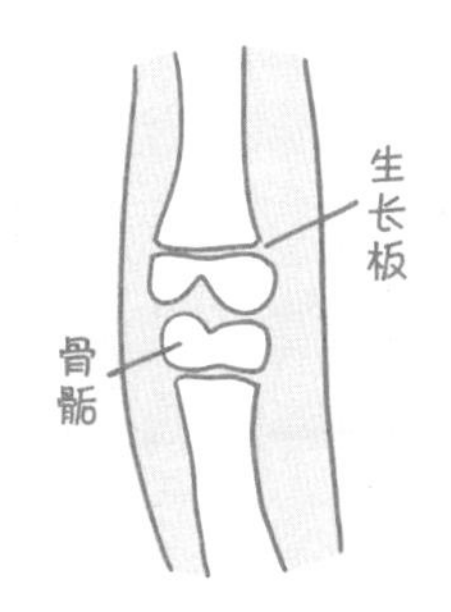

这是指宝宝特有的骨结构——生长板受损，涉及骨骼纵向生长机制损伤的总称，包括骨膜、骺生长板、骺生长板周围环、与生长相关的关节软骨及干骺端损伤。

专家提醒

骨骺损伤要尤其注意及时发现，及时就医。如果不及时治疗，有可能导致宝宝腿长歪、变短，形成“长短腿”的现象，影响宝宝的一生。

04 宝宝发生骨折意外，家长应该做哪些处理

在生活中，骨折意外是在所难免的。那么，如果宝宝发生骨折意外，家长要怎么处理？辨别宝宝是否骨折，主要看以下 4 点:

受伤部位如果发生肿胀，有可能提示骨折

宝宝感到疼痛难忍，一压就痛

宝宝是否活动受限

宝宝不愿意行走，可能提示发生骨折了

如果受伤部位在上肢，可以用皮带、围巾等将受伤上肢悬吊在颈部，再尽快转移去医院。

如果受伤部位在下肢腿部，可以用书本或纸板对受伤部位做一个简单的固定，再用担架转运或者等待救护车搬运。

上述任何部位的伤口如果有持续出血，都可以采用干净衣物简单压迫，再用绷带或绳子缠绕捆绑。捆绑时不要太紧，以免造成缺血性坏死，同时尽快将宝宝送到医院，并把情况完整反馈给医生。

专家育娃讲堂

有一些骨折是需要住院手术来进行治疗的，宝宝做完骨折手术，家长护理时必须注意以下 4 点：

（1）轻度嗜睡，无需过分担心

全身麻醉后，有些宝宝较快清醒，而有些宝宝可能会轻度嗜睡 5 ~ 6 小时，是正常的，不要过分担心。如果过了这个时间段，宝宝仍反应淡漠的话，必须尽快咨询医生。

（2）规范“制动”是有必要的

家长要帮助宝宝“制动”，指的是整个患侧肢体不能有太大的活动，需要抬高患肢，但肢端还是要多鼓励宝宝去运动，手指做反复屈伸活动，可以有效促进血液循环，减轻肿胀。部分患儿可能需要进行术后冷敷，但一定要在专业医生的指导下完成。对于本身供血不足的患儿，冷敷会加重肢体缺血。

（3）细心观察肢端血运

家长要观察宝宝肢端的血液循环情况，手指和脚趾的颜色应该是红润的，肢端出现苍白和青紫都是不好的。如果肿胀很厉害，家长没有及时发现，有可能导致宝宝患处发生压迫性坏死。

（4）生活上要给予保护

比如宝宝手上受伤，要减少手的碰撞；腿受伤，恢复期内不要下地活动。后期也要帮助宝宝进行康复锻炼，这方面，专业医生会在宝宝复查时进行指导。在骨折术后的恢复期，宝宝的关节还不能灵活运动，家长要在医生指导下给宝宝做一些持续和轻柔的康复训练，切忌做暴力活动，否则不但欲速不达，还会对宝宝造成永久性伤害。

食物过敏大揭秘，家长都要学起来

严 虎

复旦大学儿科学博士。1996 年开始从事儿科临床工作，秉承循证医学理念。目前任卓正医疗上海诊所儿内科医生。

提到食物过敏，不少家长以为只有添加辅食后的宝宝才可能出现。其实出生后吃母乳或吃配方奶粉的婴儿，也可能会对乳制品产生过敏反应。

多数过敏反应发生在进食或接触某种食物后的 5 分钟至 1 小时内，如出现口唇或眼睑水肿，或身体起大量皮疹，或突然出现频繁呕吐或腹痛；而有时过敏症状比较隐蔽，进食某种食物后几天才出现异常，比如大便带少许血丝，个别宝宝甚至生长发育缓慢。

01 什么是食物过敏

过敏是身体免疫系统将进食、皮肤接触或呼吸道吸入某种食物蛋白当作有害物质时，引起的特异性免疫反应，常导致皮肤黏膜、胃肠道或呼吸道症状，严重者甚至引起危险的过敏性休克。

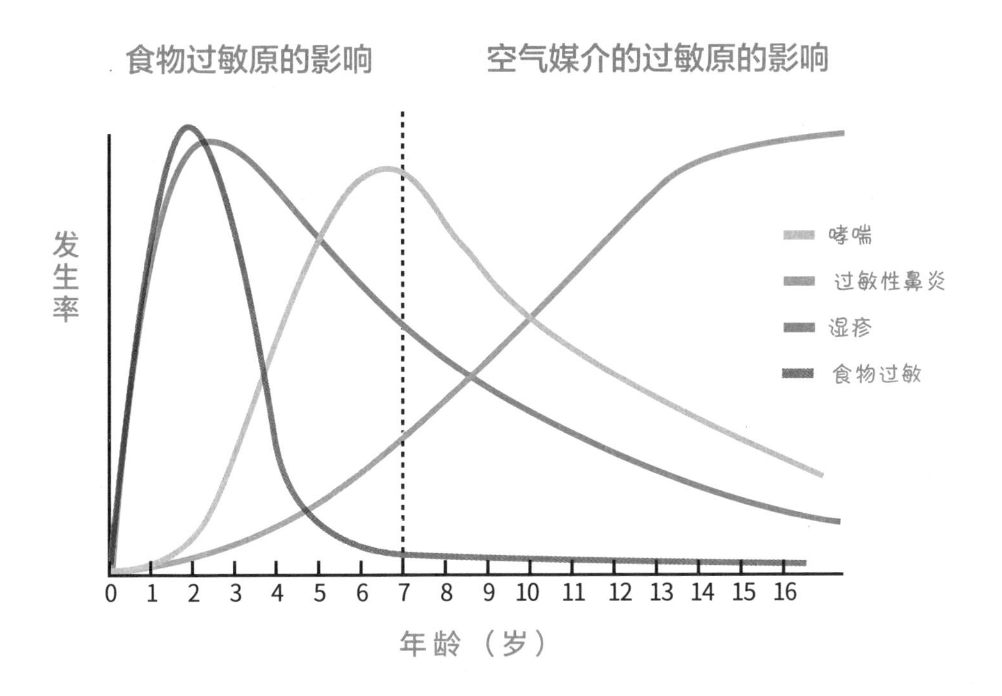

02 食物过敏的表现有哪些

食物过敏最常引发皮肤和消化道症状，偶尔导致鼻塞、咽痒、咳嗽、喘息等呼吸道症状，仅仅因为食物过敏导致的过敏性鼻炎或哮喘则比较罕见。

食物过敏的表现	
皮肤黏膜症状	瘙痒、荨麻疹、血管性水肿等
消化道症状	恶心、呕吐、腹痛、腹泻、腹胀、便血（或大便血丝）等
口部症状	嘴唇、舌头、上颚水肿、口腔瘙痒等
眼睛症状	瘙痒、结膜充血、流泪、眶周水肿等
呼吸道症状	鼻塞、鼻痒、流涕、咳嗽、喉水肿、呼吸困难、喘息等
严重过敏反应	呼吸衰竭、低血压、意识丧失甚至死亡

育儿锦囊

宝妈问　宝宝只会对一样东西过敏吗？

专家答　不一定，有的宝宝会出现交叉过敏。交叉过敏指对 2 种或以上分子结构类似的食物产生过敏的现象。比如 80% 对牛奶过敏的宝宝同样对羊奶过敏，但对牛奶过敏的宝宝不一定对牛肉过敏。

03 食物过敏的原因

遗传因素

食物过敏具有家族性，当家长对同一样食物过敏时，子女发生过敏的概率可能高达 80%。下面这张表反映了家长过敏与子女发生过敏的相关性。

过敏家族史	子女患过敏性疾病的概率
家长均无	5% ~ 15%
家长中一方有	20% ~ 40%
家长均有	40% ~ 60%
家长过敏症状相同	60% ~ 80%
兄弟或姐妹一方有	25% ~ 35%

过敏性疾病的卫生假说

临床调查发现：生活环境越干净，感染性疾病就减少，而过敏性疾病发生率会明显增高。

原因可能和我们的免疫系统有关。免疫系统有两个部门，其中一个对抗细菌、病毒等外来微生物，另一个对抗过敏原。

如果生活环境过于卫生，人们接触到的微生物太少，那么对抗细菌、病毒的部门就会弱一些，而对抗过敏原的部门就会变得特别强大，于是容易发生过敏性疾病。

04 如何预防食物过敏

目前能确切预防食物过敏的方法还真没有，不过做到以下几点，有可能降低宝宝的过敏概率。

05 常见致敏食物有哪些

虽然所有食物都可能导致过敏反应，但以下食物占常见易致敏食物的 90%。

奶类及奶制品

对儿童而言，牛奶蛋白是最常见的过敏原。

豆类及豆制品

大豆蛋白属于常见过敏原。即使食用少量豆浆、豆腐或其他含大豆蛋白的食品，也有可能导致过敏。

鸡蛋

无论蛋黄或蛋白都可能导致过敏，不过相比蛋黄，蛋白更容易导致过敏。在添加婴儿辅食时，我们建议将蛋黄和蛋白分开添加，通常推荐先添加蛋黄。

花生

花生含丰富的蛋白质。花生蛋白对某些人来说属于强致敏物质。

坚果

例如核桃、开心果、腰果、大杏仁、榛子、松子和栗子等坚果类的果仁也容易引起过敏反应。

鱼类

如鲭鱼、鲣鱼、鲔鱼等鱼肉，特别容易引起过敏，要注意。

壳类水产品

如虾、蟹、贝类。

小麦

小麦是重要主食，但也是常见的食物过敏原之一，容易引发麸质过敏。

06 过敏宝宝平时该怎么吃

如果怀疑宝宝对某种食物过敏，可采取“食物回避”的策略，指避免吃某种食物，也就是老百姓常说的“忌口”。

有的妈妈会担心让宝宝回避某些食物后，可能导致营养缺乏。其实没有关系，我们可用其他食物代替。比如鸡蛋、鱼不能吃，可以吃肉，同样能提供蛋白质和其他营养物质。

育儿锦囊

宝妈问　吃一种新食物要观察多长时间以判断是否过敏？

专家答　通常建议观察 2~3 天，没必要观察 1~2 周，否则添加食物的进度过慢。

如果你观察到宝宝对某种食物可能发生过敏，可先停服 2 周，再观察症状有无好转。如果症状无好转，则提示宝宝的症状可能并非食物过敏；如果有明显好转，则需要和医生沟通，确定是否为食物过敏。

专家提醒

多数食物过敏的宝宝能正常生活，但需回避致敏食物。随着年龄增长，宝宝往往逐渐耐受曾经发生过敏的食物，比如牛奶、鸡蛋、大豆、水果、蔬菜、谷物类；对花生和坚果过敏的，则可能持续到成人期。

警惕！这些常见传染病爱挑宝宝下手

宝宝在成长过程中，非常容易受到各种疾病的侵袭。当然，疾病不一定是坏事，它还有助于宝宝免疫力的提升。不过，有些传染性疾病却让家长十分头疼。这些传染性疾病往往容易一传十、十传百，让家长防不胜防。

那么，儿童常见传染病到底有哪些？面对这些常见传染病，家长要如何科学应对？本章针对儿童常见传染病的科学应对策略进行了详细解读。

手足口病可自愈，日常护理细又细

主讲专家

李侗曾

首都医科大学附属北京佑安医院呼吸与感染疾病科主任医师。长期工作于感染性疾病临床一线，多次参加突发公共卫生事件应急处置。2020年荣获“北京市抗击新冠肺炎疫情先进个人”荣誉称号，荣耀医者全国抗击新冠肺炎疫情“战疫先锋”奖。近5年以第一作者发表SCI论文2篇，以第一作者和通讯作者发表中文核心期刊论文7篇，综述6篇，科普及基层教学论文百余篇。

近年来，手足口病成为威胁宝宝健康的一大杀手，而且手足口病的传染力极强，所以，家长非常担心自己的宝宝会感染手足口病。手足口病真的那么可怕吗？有没有什么方法可以让宝宝远离手足口病？为了解决家长的烦恼，专家专门针对手足口病进行了全方位的解读。

01 什么是手足口病，都有哪些症状

手足口病由肠道病毒引起，主要通过消化道或日常接触传播。患儿发病时，多先出现发热，手心、脚心、臀部疱疹（疹子周围可发红），口腔黏膜出现红疹、疱疹或溃疡，疼痛明显。

部分患儿可伴有咳嗽、流涕、食欲不振、恶心、呕吐，年龄较大的患儿会表达头痛等症状。少数患儿病情较重，可并发脑炎、脑膜炎、心肌炎、肺炎等，如不及时治疗，可能危及生命。

02 警惕！容易混淆的其他出疹类疾病

出疹性传染病各种各样，家长该怎样判断自家宝宝是不是得了手足口病？接下来，专家支招怎样快速区分手足口病与其他出疹性疾病。

手足口病 VS 疱疹性咽峡炎

疱疹性咽峡炎是由肠道病毒引起的，是以急性发热和咽峡部疱疹溃疡为特征的急性传染性咽峡炎，是一种自限性疾病，一般病程 4 ～ 6 日，重症患者可至 2 周。

它有“隐形手足口病”之称，容易与手足口病混淆。

疱疹位置不一样	严重程度不同
手足口病患儿先是咽喉有疱疹，后发展到手心、脚心、臀部，少数会发展到手背、脚背 疱疹性咽峡炎的疱疹仅仅出现在口腔内，以咽峡部疱疹溃疡和发热为主要特征	与手足口病有一定比例会转成重症不同，疱疹性咽峡炎患儿多数在患病 7 日内症状逐渐消失，极少出现严重并发症

手足口病 VS 水痘

手足口病一般由多种肠道病毒引起，而水痘多由水痘－带状疱疹病毒引起。

长“痘痘”的位置不同	疹子状态不一样
水痘呈向心性分布，以前后胸、腹背、脸部最多，遍布全身，但不会出现在口腔	与水痘先出现米粒大小的红色痘疹不同，水痘在几小时后，痘疹就变成明亮如水珠的疱疹，个头稍大且皮薄，有痒感 手足口病所起的疹子没有痒感

手足口病 VS 丘疹性荨麻疹

丘疹性荨麻疹是过敏性皮肤病，大部分是蚊虫叮咬后出现的水疱、丘疹等皮疹症状。

手足口病	丘疹性荨麻疹
手足口病患儿多出现剧烈瘙痒，尤其在夜间，会严重影响睡眠	丘疹性荨麻疹由蚊虫叮咬引起，多见于胸背和四肢，水疱呈皮肤色或淡红色或淡褐色，大小不等，摸起来较硬，周围无红晕

育儿锦囊

宝妈问　手足口病是一个非常严重的疾病吗？

专家答　家长不必对手足口病过于紧张，98% 的手足口病发病轻微，宝宝一般无大碍。如果没有并发症，宝宝多数在 7 ~ 10 日即可自行痊愈。只有不到 2% 的宝宝会发展为重症手足口病。

03 宝宝得的是轻症手足口病，怎么办

如果家长发现自家宝宝只是得了轻症手足口病，不用过度担心。宝宝不需要住院治疗，只要在家隔离观察，家长自己护理好就可以了。

隔离观察

当宝宝患上手足口病时，要隔离观察，避免交叉感染；同时将宝宝的日常用品煮沸或置于阳光下暴晒，进行消毒处理。

保持环境卫生

保持家中环境舒适、卫生，保证空气流通、环境干燥，衣服、被褥等要保持清洁，并经常更换。

饮食清淡

多喂宝宝温开水，或一些易消化、流质的食物，避免给宝宝食用冰冷、辛辣等刺激性食物，以及不要给宝宝饮用含果汁的酸性饮品。

口腔护理

保持宝宝口腔清洁，预防细菌继发性感染。宝宝餐后可用温水漱口。口腔糜烂时可涂金霉素软膏、鱼肝油等。

退热

帮宝宝测量体温，如果宝宝的体温超过 38.5 ℃，使用物理降温方式（温水擦拭身体或洗澡）。若无法退热，应服用退热药。

04 怎样判断宝宝是不是重症手足口病

既然手足口病有轻症和重症之分，那家长怎样判断自家宝宝是否得了重症手足口病呢？有什么判断依据吗？主要有以下 4 个判断标准：

持续高热	重症手足口病患儿的体温更高，出现持续高热，往往达到 39 ℃以上；而且即使给宝宝用了一些退热药，体温往下一降，又会迅速升回去
精神状态差	宝宝精神特别萎靡，持续高热、食欲下降、呕吐、昏迷、抽搐、易惊
易惊	如果宝宝易惊，表明手足口病的病情明显加重
四肢冰凉	更严重的可能会出现四肢皮肤发凉、发花，微循环变差，还可能出现肺水肿，甚至导致死亡

专家提醒

当宝宝高热不退时，很有可能提示发展为重症手足口病，要赶紧送往医院治疗。

05 平时如何预防手足口病

避免接触患儿

不要让宝宝吃生冷的食物

及时对宝宝的日常用品和玩具进行清理与消毒

家长在处理完宝宝的粪便与尿布后要及时洗手，注意卫生

保持家居环境的干净，勤通风

在手足口病流行期，不要带宝宝到人口密集和空气流通差的地方

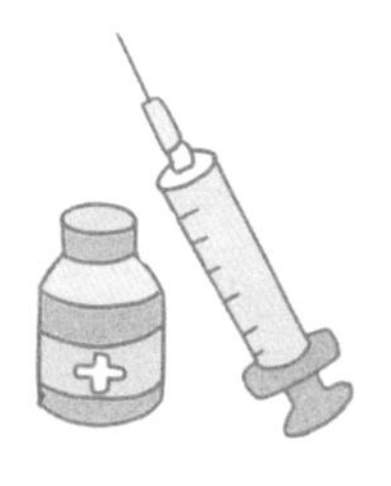

建议按时给宝宝接种手足口疫苗

专家育娃讲堂

手足口疫苗只能预防 EV71 病毒感染引起的手足口病。我国 2008 ~ 2015 年手足口病实验室诊断病例中，40% 的轻症病例、74% 的重症病例和 93% 的死亡病例是由 EV71 病毒感染引起的。

手足口疫苗针对 EV71 病毒感染手足口病的保护率达 90% 以上，大约能够预防 40% 的手足口病轻型病例和 70% 的重症病例。为了防患于未然，建议家长及时给宝宝接种手足口疫苗。

轮状病毒“疯狂”来袭，家长有招巧护理

主讲专家

张思莱

著名儿科专家，中国关心下一代工作委员会专家委员会专家。北京中医药大学附属中西医结合医院原儿科主任、主任医师。2019年荣获“中国母婴科普人物杰出贡献奖”，2020年荣获中国科协、人民日报、中央广播电视总台“典赞·2020科普中国”年度十大科学传播人物。《张思莱科学育儿全典》荣获科技部“2018年全国优秀科普作品奖”。

每年秋季，传说中让宝宝又腹泻又呕吐的“秋季腹泻”开始兴风作浪，在医学上，它被称为轮状病毒肠炎。腹泻虽然不是什么大病，但是，宝宝上吐下泻几次后，明显又瘦又黄，真是让妈妈心疼。到底该如何预防和应对这来势汹汹的轮状病毒肠炎？赶紧跟着专家学起来吧。

01 轮状病毒肠炎是什么

轮状病毒肠炎属于感染性腹泻，每年秋季高发，因此也被称为“秋季腹泻”。轮状病毒广泛存在于自然界，主要通过消化道、呼吸道、密切接触传播，传染性很强。

多发于6月龄到2岁的婴幼儿，因为这个阶段的婴幼儿消化系统尚未发育成熟，很难抵御轮状病毒的侵袭。

02 轮状病毒肠炎有哪些危害

轮状病毒肠炎如果处置不当，严重的会导致患儿出现脱水、酸中毒，甚至死亡。重症患儿有时会发生病毒性心肌炎、肺炎、脑炎、感染性休克等并发症。

家长也不要过于担心，因为绝大多数患儿得的是轻症轮状病毒肠炎。轮状病毒肠炎是一种自限性疾病，自然病程为3～8日，个别病程较长。发病后没有特效药物，只能对症治疗，一般不会影响宝宝以后的健康成长。

轮状病毒肠炎的主要症状

- 呕吐、发热：主要出现的症状为呕吐、轻度发热。
- 腹痛、腹泻：可能出现腹痛而后腹泻，通常为水样便。
- 脱水：如果腹泻严重，又没有及时补充水分的话，可能发生脱水。
- 呼吸道感染：有时患儿会出现一些上呼吸道感染的症状，如咳嗽、流鼻涕等。

03 轮状病毒的传播途径有哪些

轮状病毒是由粪－口路径传播的，借由接触弄脏的手及弄脏的物品来传染，而且有可能经由呼吸道传播。

由于轮状病毒在环境中比较稳定，不易自然灭亡，也可通过生活接触传播。

新生儿轮状病毒感染主要来源于孕产妇感染、产道感染及医院内感染。医院里可通过护理人员造成轮状病毒感染的传播。

育儿锦囊

宝妈问 如果宝宝一直腹泻或者一直呕吐，我们可以给他吃一些止泻药或者益生菌吗？

专家答 不建议盲目使用止泻药，但是益生菌是可以吃的。因为腹泻的时候，结肠里的益生菌被破坏了，适当补充是可以的，还可以给宝宝服一点胃肠黏膜保护剂。

可以适当补充微生态制剂

04 宝宝得了轮状病毒肠炎，怎么办

纠正与预防脱水

宝宝腹泻时，首选口服补液盐Ⅲ，家长可以按说明书一次性配好，让宝宝分次适量饮用。如果没有口服补液盐Ⅲ，也可以将口服补液盐Ⅱ稀释 1.5 倍后给宝宝服用。

当然，也可以在 750 毫升的米汤、菜汤或鸡汤中加 1.75 克食盐，让宝宝少量、多次口服。

给宝宝口服补液盐

不需要禁食

腹泻期间和之后要继续给宝宝吃常吃的食物；配方奶粉喂养的宝宝，喝的配方奶粉浓度要和以前一样，保证营养供给。注意不要添加新的食物和不易消化的食物。

短期补锌

宝宝腹泻时，每日补充 10 ～ 20 毫克锌，坚持 10 ～ 12 日，不仅能够缩短病程，而且能够在 2 ～ 3 个月内减少宝宝腹泻的复发。

适当补锌

05 接种轮状病毒疫苗的注意事项

国产单价减毒活疫苗

●接种程序：为口服疫苗，直接喂给婴幼儿，每人一次口服 3 毫升，每年应口服 1 次。全程不超过 3 次。保护率为 60% ～ 70%。

●禁忌征：身体不适、发热或腋温 37.5 ℃以上者；急性传染病或其他严重疾病者，免疫缺陷和接受免疫抑制剂治疗者；消化道疾病、胃肠功能紊乱者；严重营养不良、过敏体质者。

●不良反应：口服后一般无不良反应，偶有低热、呕吐和腹泻等轻微反应，一般无需治疗，可自行消失。

●注意事项：使用本疫苗前后需要与其他活疫苗或免疫球蛋白间隔 2 周以上。口服前后 30 分钟内不吃热的东西和喝热水。

五价轮状病毒减毒活疫苗

进口五价轮状病毒减毒活疫苗（口服制剂）用于预防最常见的 5 种血清型（G1、G2、G3、G4、G9）所致的轮状病毒胃肠炎。该疫苗保护效力可达 95.5%，并提供 7 年持久保护。

●接种对象：6 ～ 32 周龄儿童。

●接种程序：全程接种 3 剂，即 6 ～ 12 周龄口服第一剂（每次 2 毫升），之后两剂各间隔 4 ～ 10 周，并在 32 周龄内完成全部 3 剂口服接种。

专家育娃讲堂

平时应该怎样做好预防？

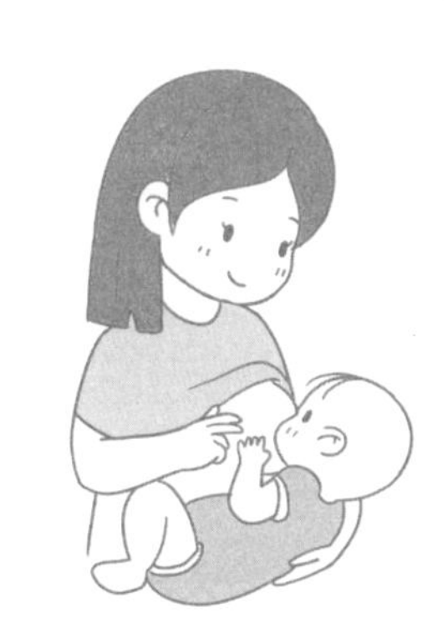

（1）母乳喂养

母乳不仅能够给宝宝提供全面的营养，而且母乳里的免疫因子可以帮助宝宝对抗轮状病毒的侵袭。

（2）对宝宝进嘴的玩具、物品进行彻底消毒

轮状病毒是通过粪－口路径传播的，因此一定要对宝宝进嘴的玩具、物品进行彻底消毒。

（3）勤洗手，外出回家换外套

回家洗手、换外套，可以避免把外面接触的细菌、病毒带回家里。

（4）接种轮状病毒疫苗

提前接种轮状病毒疫苗，是预防轮状病毒最有效的方法。轮状病毒疫苗主要接种对象为 2 月龄至 3 岁宝宝。

流行性感冒高发季，做好预防不用怕

主讲专家

冀连梅

“问药师”创始人。科普书《冀连梅谈：中国人应该这样用药》《冀连梅谈：中国人应该这样用药（图解母婴版）》《冀连梅儿童安全用药手册》作者 。美国药师协会“药物治疗管理（MTM）培训”讲师，中国药师协会药学服务创新工作委员会副主任委员，中国医师协会健康传播工作委员会委员。

根据世界卫生组织估计，每年流行性感冒（简称“流感”）的季节性流行可导致全球300万～500万人患上重症，25万～50万人死亡。其中，孕妇、婴幼儿是流感重症的高风险人群。所以，流感不容小觑。为了让家长全面认识流感，专家专门针对流感进行以下全方位解读。

01 什么是流感

流感是冬春季节最常见的一种传染性疾病，是由流感病毒引起的急性呼吸道感染，主要通过接触痰液等分泌物和打喷嚏呼出的飞沫进行传播，传染性强。轻症患者病程短，常呈自限性，可自愈；重症患者则需进行药物治疗，一般可治愈。

症状特点为起病急，全身中毒症状明显，如高热、头痛、全身酸痛、软弱无力、精神萎靡等，而呼吸道症状如流鼻涕、打喷嚏等症状较轻。

引起普通感冒的病毒有上百种，引起流感的病毒仅有几十种，常见的有H1N1等。

02 认识流感的并发症及高危人群

流感容易导致严重的并发症，比如病毒性心肌炎、病毒性肺炎、病毒性脑膜炎。尽管流感和普通感冒症状很像，都会出现流鼻涕、发热、咳嗽等症状，但流感“凶狠”很多，必须早发现、早治疗。

严重并发症高危人群为婴幼儿、老人、孕妇。

03 怎么区分流感和普通感冒

如果在流感流行期，宝宝出现下列情况之一，需高度怀疑可能感染了流感病毒。

●宝宝骤然起病，伴有发热、咳嗽或咽痛等急性呼吸道症状，并在几天内进行性加重。

●除发热外，还有头痛、全身酸痛、精神萎靡或异常烦躁、拒绝吃奶等表现。

●婴幼儿突然发热，达 39 ～ 40 ℃，甚至更高，口服退热药后体温下降不明显，呈持续高热状态。

●家里多人相继发热，或幼儿园、学校出现多人高热，宝宝也随之突然出现发热症状。

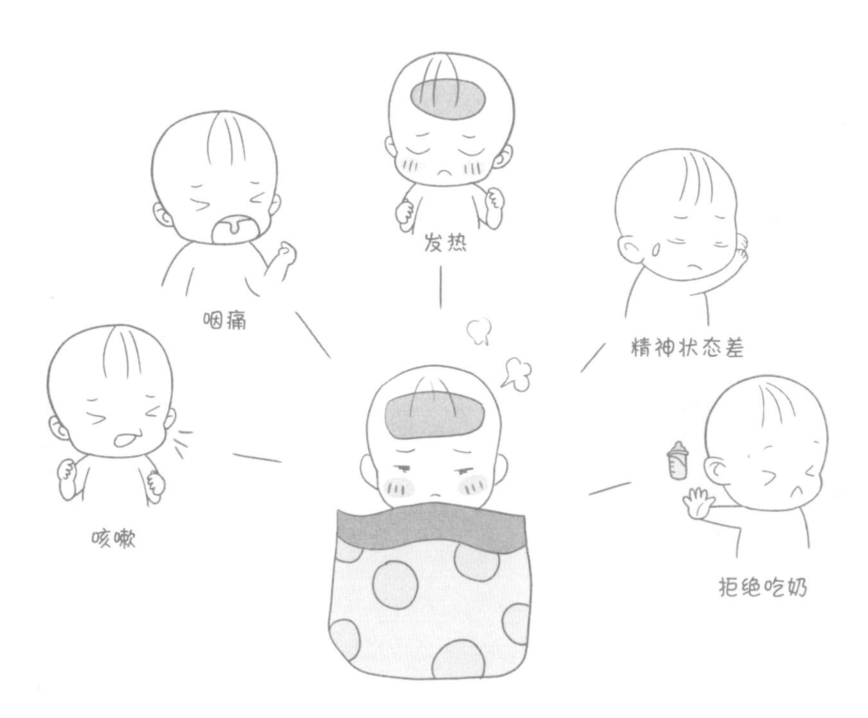

	普通感冒	流行性感冒
病因	由上百种普通感冒病毒引起	由流感病毒引起（主要为甲型、乙型，再细分亚型为 H1N1、H5N1）
主要症状	流鼻涕、鼻塞、咽痛、咳嗽、打喷嚏、发热（低热居多）	浑身疼痛、高热、咳嗽
并发症	轻微（偶见细菌感染，如中耳炎）	较重（如病毒性心肌炎、病毒性肺炎、病毒性脑膜炎）
预防手段	勤洗手，多通风，酌情增减衣物	除普通感冒的预防手段外，每年定时接种流感疫苗
护理方法	普通病程：症状可持续 2 周左右，咳嗽可持续 1 个月左右 护理原则：少穿、少包裹，多喝水，多休息 鼻涕、鼻塞：可用生理性海水鼻腔喷雾清洗 咳嗽、咽痛：不推荐使用止咳药强行止咳，推荐保持室内相对湿度 60%，避免二手烟 发热：38.5 ℃以上或表现出不适，可用单一成分的退热药。可选： ●对乙酰氨基酚：10 ~ 15 毫克 /（千克体重・次），每 4 小时 1 次，24 小时内最多使用 4 次 ●布洛芬：5 ~ 10 毫克 /（千克体重・次），每 6 小时 1 次，24 小时内最多使用 4 次	

专家提醒

不推荐两种退热药交替使用。

无论是流感还是普通感冒，除了退热药和抗流感病毒药，不建议给宝宝吃任何含多种有效成分的复方感冒药，以防止超量用药，只建议针对症状进行护理。

04 预防和治疗流感的常用药：奥司他韦

奥司他韦是一种用于预防和治疗流感的抗病毒药，属于处方药，需要医生开具，并在医生指导下服用。它只针对流感病毒，对普通感冒无效，对手足口病、病毒性肠炎等也无效，也不能取代流感疫苗的预防作用，切不可擅自乱用、滥用。

哪些人可以用

美国食品药品监督管理局（FDA）已批准：奥司他韦可用于 1 岁及以上儿童及成人的流感治疗和预防，孕妇和哺乳期妇女也可以服用。

有什么作用

奥司他韦的主要作用是缩短病程。平均缩短 1 日左右的病程，即服用奥司他韦的人比不服用奥司他韦的人早 1 日左右恢复健康；也可以减少流感并发症（比如中耳炎）的发生率，以及减轻疾病的严重程度。

有什么不良反应

奥司他韦总体安全性良好。最常见的不良反应是胃肠道反应，如恶心呕吐、起皮疹、精神过于兴奋等。

育儿锦囊

宝妈问　宝宝如果得了流感，服用奥司他韦能马上治好吗？

专家答　不能。因为服用奥司他韦并不能立即治好流感。奥司他韦的主要作用是缩短病程及减少并发症的发生。

05 预防流感最有效的方法

预防流感最有效的方法就是按时接种流感疫苗。流感疫苗的作用期为 6 ～ 8 个月，接种流感疫苗的最佳时间建议是每年的 9 ～ 10 月。

专家提醒

流感疫苗不是百分之百可以起到预防流感的作用，但是至少 70% 左右的人可以从中受益。

哪些人需要优先接种流感疫苗

- 6 月龄以上的宝宝。
- 6 月龄以内宝宝的家庭成员和看护人员。
- 50 岁以上人群。

什么时候接种比较好

美国儿科学会（AAP）推荐：越早接种流感疫苗越好，人体在接种流感疫苗后的 2 周左右可以产生足够抗体，能有效为人体接下来的 6 ～ 8 个月提供保护。因为每年的 11 月到次年 2 月底是流感高发季，所以最佳接种时间是每年 9 ～ 10 月。错过最佳接种时间的，在 2 月底前接种也是可以的。

这几种人不适合接种流感疫苗

- 处于疾病急性发展期的人。
- 6 月龄以内的宝宝。
- 对疫苗成分过敏的人。

6月龄以上宝宝

6月龄以内宝宝的看护人

50岁以上人群

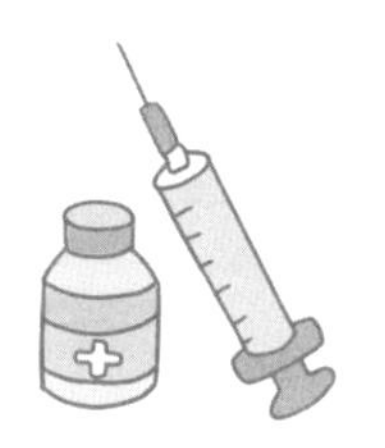

接种流感疫苗

预防流感

附录1 宝宝疫苗接种全攻略

主讲专家

李瑛

主任医师，现任北京美中宜和妇儿医院儿科大主任，曾任北京市海淀区妇幼保健院儿科主任10余年，在儿科常见病、多发病的诊疗以及婴幼儿生长发育监测、干预方面有丰富的经验。中国医师协会、中国妇幼保健协会、北京医学会儿科分会学术委员，担任国内多家媒体育儿专家，曾发表学术论文10余篇，出版图书《儿科专家李瑛给父母的四季健康育儿全书》《隔代育儿全攻略》。

李侗曾

首都医科大学附属北京佑安医院呼吸与感染疾病科主任医师。长期工作于感染性疾病临床一线，多次参加突发公共卫生事件应急处置。2020年荣获“北京市抗击新冠病毒疫情先进个人”荣誉称号，荣耀医者全国抗击新冠肺炎疫情“战疫先锋”奖。近5年以第一作者发表SCI论文2篇，以第一作者和通讯作者发表中文核心期刊论文7篇，综述6篇，科普及基层教学论文百余篇。

了解疫苗，从这里开始

疫苗到底是什么

疫苗主要用病原微生物或利用某些成分及其代谢产物为原料，经过人工减毒、脱毒、灭活或生物工程等方法制成。疫苗具有抗原性，接种后可以使人体产生特异性抗体，让人体具备抵御此类疾病的能力。

疫苗是如何分类的

疫苗按照是否被纳入国家免疫接种程序，分为一类疫苗和二类疫苗。

一类疫苗：国家规定接种的疫苗，是免费的，必须接种。

二类疫苗：公民自费并且自愿受种的其他疫苗。

接种了疫苗，就能预防感染该类疾病吗

接种了疫苗，宝宝就不会感染该类疾病了吗？不一定，宝宝仍然有可能感染该类疾病。

原因1：在一个传染性疾病中，让宝宝感染该疾病的病源很多

以肺炎为例，细菌、病毒、支原体、真菌等都能引起肺炎。比较常见的23价肺炎球菌多糖疫苗主要预防肺炎球菌引起的肺炎。肺炎球菌感染是在世界范围内引起死亡的重要原因之一，且是肺炎、脑膜炎、中耳炎的主要病因，但是23价肺炎球菌多糖疫苗对于其他病源引起的肺炎并不能起预防作用。所以，家长不要认为自己家宝宝接种了疫苗，就肯定不感染该类疾病。

又如，虽然宝宝口服了轮状病毒疫苗，但是依旧可能在流行季患轮状病毒肠炎。总体而言，曾经口服轮状病毒疫苗的宝宝，症状会比较轻。

还有接种了一次流感疫苗，在流感高发季节，宝宝依然有可能患上流感。

原因2：疫苗的保护率并不是100%

大多数常规接种的疫苗，接种后的保护率在90%左右。也就是说，接种过疫苗后，可以最大限度地降低感染该类疾病的风险。如果有足够多的人接种疫苗，就能够形成广泛而有力的防御。它像是一堵防御疾病的保护墙，能够保护那些出于身体原因无法接种疫苗，或是出于某些原因而免疫不成功的人群的健康。

疫苗接种前后的注意事项

只要每次按照接种本上规定的时间带宝宝接种疫苗就行了吗？有没有什么要特别注意的？

疫苗接种前的贴心小准备

●给宝宝洗澡，换一身干净衣服。

●向医生说明宝宝的健康状况，如有无发热、有无风疹、有无慢性疾病，以便医生判断有无接种的禁忌征。

●服用糖丸（脊髓灰质炎减毒活疫苗糖丸）前30分钟内不能喝奶、喝热水。

宝宝如果出现以下 3 种情况，建议延时接种或听取医生意见后再接种。

●如果宝宝是早产儿或者体重过低者，需听取医生意见后再接种。

●如果宝宝正感冒发热、腹痛腹泻、患某些皮肤病，或者正在使用抗生素药，需要适当延时接种。

●对患有神经系统疾病，严重的心、肝、肾疾病，急性传染病，先天性免疫缺陷的宝宝，接种疫苗要慎重。

疫苗接种后的注意事项

●接种完疫苗一定要留下观察 30 分钟，无不良反应再离开。

●接种口服疫苗后 30 分钟内不要进食。

●接种疫苗后要多喝水、多休息，不要剧烈运动。

●宝宝可能会轻微发热，不想吃东西、爱哭闹，如果反应不强烈，都是正常的；如果出现高热或其他异常反应，建议立刻送往医院。

●接种完疫苗，24 小时内不要给宝宝洗澡，以免引起局部感染。

疫苗的最佳接种时间

0 ~ 6 岁宝宝一类疫苗接种时间表	
出生时（28 日内）	√卡介苗 √乙肝疫苗
1月龄	√ 乙肝疫苗
2 月龄	√ 脊髓灰质炎疫苗
3 月龄	√ 脊髓灰质炎疫苗 √百白破疫苗
4 月龄	√脊髓灰质炎疫苗 √百白破疫苗
5 月龄	√百白破疫苗
6 月龄	√乙肝疫苗 √ A 群流脑疫苗
8 月龄	√ 麻疹疫苗 √乙脑疫苗

（续上表）

0～6岁宝宝一类疫苗接种时间表	
9月龄	√A群流脑疫苗
18月龄	√百白破疫苗 √麻腮风疫苗 √甲肝疫苗
2周岁	√乙脑疫苗
3周岁	√A+C群流脑疫苗
4周岁	√脊髓灰质炎疫苗
6周岁	√百白破疫苗 √A+C群流脑疫苗

二类疫苗的最佳接种时间表	
8～17月龄	√麻疹风疹联合疫苗 √流行性腮腺炎疫苗
≥8月龄	√乙脑疫苗
≥18月龄	√麻疹流行性腮腺炎风疹联合疫苗
≥1岁	√甲肝疫苗 √水痘减毒活疫苗
≥2岁	√霍乱疫苗 √23价肺炎球菌多糖疫苗
≥3岁	√ACYW135群流脑多糖疫苗
2～15月龄	√13价肺炎球菌多糖结合疫苗
≥6月龄	√流感疫苗 √A+C群流脑结合疫苗
2月龄至3岁	√轮状病毒疫苗
2月龄至5岁	√百白破-HIB-IPV联合疫苗
3月龄至5岁	√百白破-HIB联合疫苗（四联疫苗）

（续上表）

二类疫苗的最佳接种时间表	
6 月龄至 5 岁	√EV71 病毒疫苗 √流脑-HIB 联合疫苗
≥16 岁	甲、乙型肝炎联合疫苗

二类疫苗中，专家推荐接种哪些疫苗

推荐 1：流感疫苗

在二类疫苗中，推荐每年接种流感疫苗。

（1）为什么要每年接种流感疫苗

因为流感病毒变异很快，几乎每年都会发生变异。不同变异株所诱导的抗体，对不同毒株无交叉保护作用或交叉保护作用弱。

为此，世界卫生组织（WHO）会紧密追踪流感病毒变异的情况，每年定期公布用于疫苗制造的毒株。流感疫苗含有 3 种或 4 种毒株，每年流感病毒流行株发生变异，对应的流感疫苗的毒株配方也随之变化。所以，每年都需要接种最新的流感疫苗，才能达到预防的效果。

（2）接种流感疫苗后，什么时候可以产生抗体

通常接种流感疫苗 2 ～ 4 周后可产生具有保护水平的抗体，6 ～ 8 月后抗体滴度开始衰减。

推荐 2：手足口疫苗

在二类疫苗中，一致推荐接种手足口疫苗。

（1）接种手足口疫苗的年龄范围

接种年龄范围：6 月龄至 5 岁的宝宝。

因为 5 岁以下宝宝的患病比例占总患病人数的 90%，6 月龄以下的婴儿和 5 岁以上的儿童及成年人发病较少，所以建议 6 月龄以上、5 岁以下宝宝接种手足口疫苗。

（2）接种时间

建议提前接种手足口疫苗，可在春节后接种，一共有 2 针，两针间隔 1 个月即可。

附录 2 小儿急救知识知多少

主讲专家

李 侠

毕业于中南大学湘雅医学院，毕业后一直从事急危重症专业，擅长各类危重病人的航空转运。现任国际 SOS 大中华区医疗总监。

在我国，每年有 1000 万例的儿童意外发生，其中有 64 万儿童意外导致儿童残疾，20 万儿童发生意外死亡。据统计，导致 5 岁以下儿童死亡的最常见原因就是意外。意外防不胜防，家长应该怎么办？应该如何处理？让我们一起听听专家怎么说。

意外跌坠

宝宝意外跌坠，这样处理不要慌

●家长不能惊慌，冷静地观察宝宝伤势并判断是否要去医院处理。

●观察宝宝的精神状态。如果宝宝坠床后，哭闹一会儿，然后自己玩。那么，这种情况下，宝宝应该没有很大问题。

●如果是夜间发生跌坠事故，先观察宝宝的意识状况，看是睡着了还是昏迷了（叫不醒）。如果宝宝出现意识问题，如烦躁或睡着了却叫不醒，一定要及时送去医院。

●如果宝宝出现频繁呕吐，特别是喷射性呕吐，一定要及时送医。

●宝宝发生跌坠事故后，如果只是小面积的外伤，不用送医院。在家用生理盐水清洗伤口，局部消毒即可。如果是大面积的外伤，家长在简单清理伤口、止血的同时要马上送宝宝去医院。

育儿专家说

宝宝坠床是很难避免的。很多情况下，宝宝坠床并没有什么危险。如果宝宝坠床后出现以下状况，如意识问题、频繁呕吐，尤其是喷射性呕吐，或有大面积外伤、骨折，就需要尽快送医。

宝宝发生跌坠事故后的注意事项

宝宝如果发生跌坠事故，妈妈往往特别担心，生怕宝宝受到伤害。需要提醒家长的是，宝宝发生跌坠事故后，其实有一些事项需要注意：

给宝宝提供安全的生活环境

观察宝宝伤情，不要急于抱起

骨折了，用硬物固定骨折部位后送往医院

肿胀部位不要按揉，尽量冷敷消肿

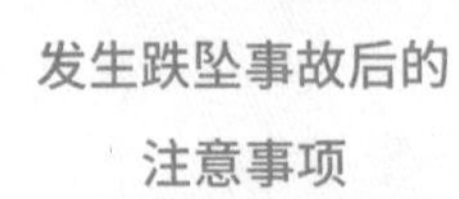

颈部骨折时，不要扳动宝宝颈部，以免二次受伤

尽量不要让宝宝快速入睡

最好让宝宝趴在肩上

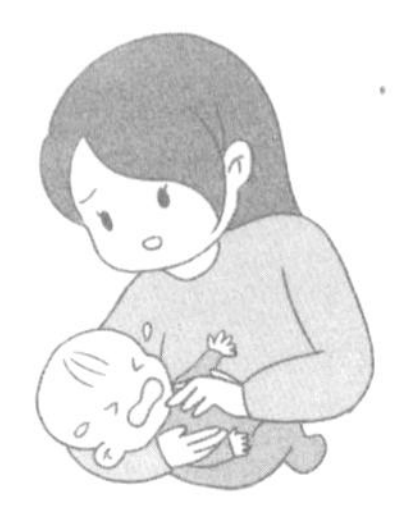

观察宝宝没有问题，抱起也尽量避免摇晃

异物吸入

如果宝宝有异物吸入气管，首先要判断宝宝的意识。如果已经窒息，要马上抢救。如果宝宝还有意识，要让宝宝配合着把异物吐出来。下面根据宝宝的年龄大小介绍 2 个简单、有效的方法，帮助宝宝尽快将异物咳出。

1 岁以下的宝宝采用“拍背法 + 胸部按压法”

●家长坐在椅子上，把宝宝面朝下放在前臂上，手臂倾斜让宝宝的头处于低位，身体处于高位。

●在宝宝身体两侧肩胛骨中间位置进行拍击，每次 3 ～ 5 下。拍击要有一定力度，能够起到增加胸腔内压力的作用。

●如果宝宝依旧没有排出异物，可以将宝宝翻过来，正面朝上放在前臂上，手臂倾斜，让宝宝的头处于低位，身体处于高位。

●在宝宝两个乳头连线的中点位置，用中指和食指快速按压 3 ～ 5 次。

●如果一次拍背和胸部按压没有帮助宝宝咳出异物，请反复进行 3 ～ 5 次，直到宝宝顺利把异物咳出。如果拍咳效果不好，要赶紧送往医院。

1 岁以上的大宝宝采取“海姆立克法”

1 岁以上的大宝宝，我们可以采取“海姆立克法”，帮助宝宝尽快将异物咳出。这个方法大人同样适用。

●家长从后面环抱住宝宝，让宝宝身体前倾。

●找到宝宝肚脐到胸部正中的连线部位，家长左手握拳，右手手掌打开包住左手。

●两手向内、向上快速地为宝宝做腹部冲击 3 ～ 5 次，通过增加胸腔内压力来帮助宝宝将异物咳出。

海姆立克法

育儿专家说

宝宝如果吸入异物，家长可以用手去抠吗？要视情况而定，用手去帮助宝宝取出异物，仅限于能够看到异物的情况，否则不建议用手直接取出异物。

高热惊厥

高热惊厥听着好像不是很熟悉，但当自家宝宝出现高热惊厥后，大多数家长都会吓得不行。因为它的症状比较可怕，往往让人手足无措。

高热惊厥的表现

- 宝宝双眼呆滞向一侧凝视。
- 唇部出现青紫，有缺氧的表现。
- 四肢僵硬，出现有节律性的抖动。
- 部分宝宝出现尿失禁的表现。

大部分高热惊厥都是简单的高热惊厥，发作的时间只会持续 1 ～ 3 分钟。家长只要让宝宝侧卧，防止分泌物误吸，保持呼吸道通畅，防止跌落或受伤，15 分钟内，宝宝会自行缓解。

怎么判断宝宝是不是简单的高热惊厥

- 在发热的第一个 24 小时出现。
- 在整个发热的过程中只抽 1 次。
- 持续时间通常为 1 ～ 3 分钟。
- 发生的年龄为 6 月龄到 5 岁的宝宝，在婴幼儿中比较常见。

如果不满足以上 4 点，那就要注意，这不是简单的高热惊厥，要赶紧送医治疗。

育儿专家说

如果判断为简单的热性惊厥，家长不必惊慌，保持宝宝气道通畅，尽量减少覆盖衣物。惊厥持续 1 ～ 2 分钟就能自行缓解，不建议家长将宝宝送往医院，在家自行护理即可。如果惊厥持续时间超过 5 分钟，家长一定要赶紧将宝宝送往医院。

烧烫伤

全球每天有大约 260 名儿童死于烧烫伤，到了寒冷的冬季，烧烫伤更是频繁发生。万一宝宝发生烧烫伤，家长该如何处理？

遇到烧烫伤的处理步骤

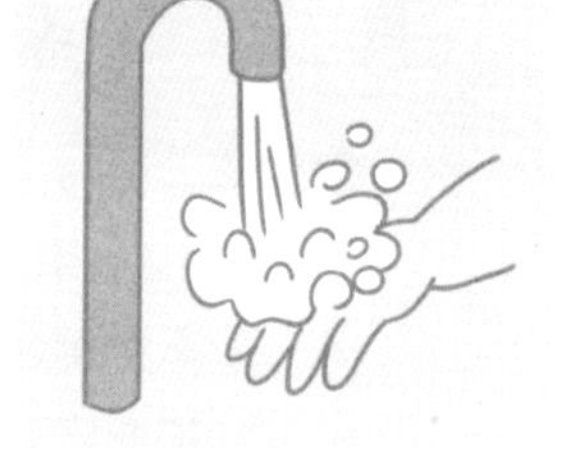

第一步：冲水降温

要第一时间给烧烫伤部位降温，在自来水龙头下持续冲水 20 分钟左右。

注意：水压不要太强，水温不要太低，以免造成二次伤害。

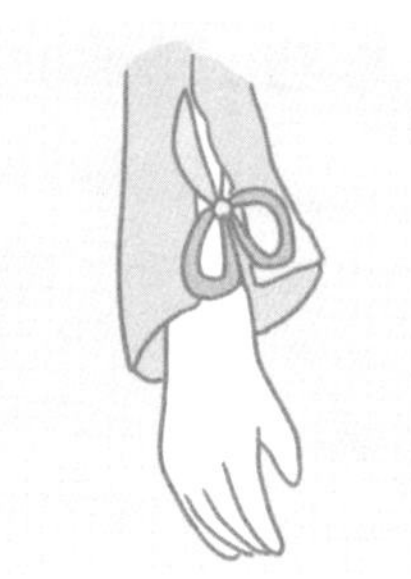

第二步：脱去烫伤部位的衣物

脱衣物时一定要小心，建议用剪刀把衣服剪开后去掉。

注意：粘连在伤口上的衣物不要强行去掉，以免造成二次伤害。

第三步：缓解疼痛

如果疼痛非常明显，可持续浸泡在冷水中 10～30 分钟。

注意：此时的主要作用是缓解疼痛。

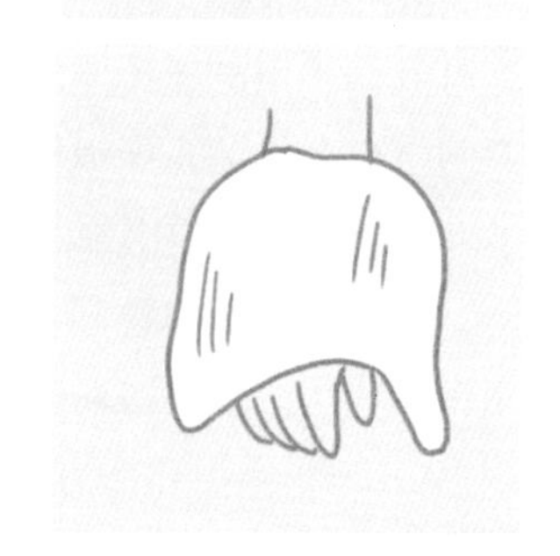

第四步：用纱布将伤口简单包扎或覆盖

建议使用无菌纱布或棉质布类覆盖伤口。

第五步：送去医院

送往医院，寻求医生和专业人士的帮助。

育儿专家说

处理烧烫伤时，要做到“四不要”：

第一，不要用冰水冲伤口。

第二，不要用淡盐水、大酱、酱油、牙膏之类的东西涂抹伤口。

第三，不要用紫药水处理伤口，因为紫药水的消毒效果不佳，而且会影响医生对创面的判断。

第四，不要挑破烧烫伤引起的水疱。

溺水

每年夏天，总是会出现宝宝溺水死亡的事件，真是让人痛心。当然，家长除了尽量做好防护措施，也应当学习一些溺水施救知识，有备无患。当宝宝溺水被救起后，该如何进行施救?

如果是非致命性溺水，不用倒立拍水

当宝宝溺水后被救起来的时候，还有意识、呼吸、心跳，这种属于非致命性溺水。这时我们不用刻意给宝宝倒立拍水，因为每个人的身体会有保护机制，当溺水时，声门会自动关闭，所以溺水时进入肺部的水不会很多，这些都能被肺部吸收，而很多人咳出来或者拍出来的水，其实是胃里的水。

在遇到非致命性溺水时，家长只要让宝宝保持一个稳定的侧卧位就好。这样宝宝在呕吐时，呕吐物不会进入气管引起窒息。

如果是致命性溺水，立即做心肺复苏

如果宝宝救上岸时已经没有意识，没有呼吸，脉搏很微弱了，要立即给宝宝做心肺复苏。

（1）判断意识

用双手轻拍双肩，大声问“喂！你怎么了”，检查有没有反应 。

（2）检查呼吸

观察患者胸部起伏 5 ～ 10 秒，观察是否没有明显起伏。

（3）呼救

大声呼喊：“来人啊！救命啊！”打 120 电话叫救护车！

（4）判断是否有颈动脉搏动

用右手中指和食指从患者气管正中环状软骨划向近侧颈动脉搏动处，检查是否有脉搏搏动（数 1001，1002，1003，1004，1005……判断 5 ～ 10 秒）。非医务人员可以在不进行颈动脉搏动的情况下判断。

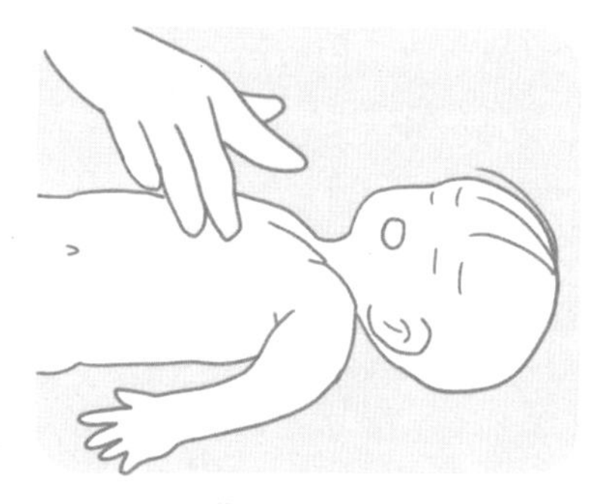

婴儿胸外按压

（5）松解患者衣领及裤带

（6）实施胸外按压

婴儿胸外按压	
位　置	两乳头连线中点的下端（胸骨中下 1/3 处），或沿肋缘终点往上两手指的位置，用左手掌跟紧贴溺水者的胸部，手臂垂直与其胸部呈 90 度
按压方法	①儿童：单手放置在双乳头连线中点下端，手臂与其胸部呈 90 度，用上身力量用力按压 ②1 岁以内的婴儿：双指在放置在双乳头连线中点下端，按压 30 次，或手掌左右环抱婴儿，两个拇指交叠放在双乳头连线中点下端按压
按压频率	100 次/分钟
按压深度	儿童按压深度为 4 ～ 5 厘米，婴儿按压深度为胸廓直径的 1/3
注　意	按压后让胸廓完全回弹，减少按压中断

（7）打开气道

使用仰头抬颌法，保证口腔无分泌物及其他异物。

（8）实施人工呼吸

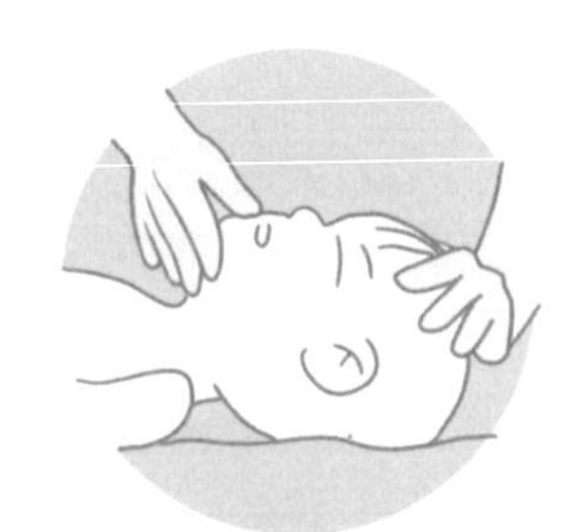

●以压额抬颏法（一只手按住患儿的额头，另一只手的食指、中指托起他的下巴，使头向后仰）开放气道，用拇指、食指捏紧患儿鼻孔。

●吸足一口气后，用嘴严密地包住患儿的嘴，以中等力量将气吹入其口中。不要漏气，吹气时间为 1 秒。如果是婴儿，请直接用嘴包住婴儿的口、鼻，用中等力量吹气。

●当看到患儿的胸廓起伏时停止吹气，离开患儿的口唇，松开手指，施救者再侧转头吸入新鲜空气，连续进行 2 次人工呼吸。注意避免过度通气。

（9）持续 2 分钟高效率的心肺复苏术

按压通气比率按 30 ：2 的比例进行，操作 5 个周期。

（10）判断复苏是否有效

听是否有呼吸音或者看是否有胸廓起伏，同时触摸是否有颈动脉搏动。

（11）送至医院

救护车送至医院，进行进一步生命支持。